U0289624

Style Integration and Innovation

风格的融合与创新 2

广州市唐艺文化传播有限公司 编著

華中科技大學出版社
http://www.hustp.com

图书在版编目（CIP）数据

风格的融合与创新．2 / 广州市唐艺文化传播有限公司编著．-- 武汉 ：华中科技大学出版社，2013.4
ISBN 978-7-5609-8800-9

Ⅰ．①风… Ⅱ．①广… Ⅲ．①建筑设计－中国－现代－图集 Ⅳ．①TU206

中国版本图书馆CIP数据核字(2013)第069656号

风格的融合与创新 2

广州市唐艺文化传播有限公司 编著

出版发行：华中科技大学出版社（中国 · 武汉）
地　　址：武汉市武昌珞喻路1037号（邮编：430074）
出 版 人：阮海洪

责任编辑：赵慧蕊
责任校对：张雪姣
责任监印：张贵君
装帧设计：肖　涛

印　　刷：利丰雅高印刷（深圳）有限公司
开　　本：1016 mm×1320 mm　1/16
印　　张：23
字　　数：184千字
版　　次：2013年5月第1版 第1次印刷
定　　价：365.00元（USD 73.00）
套装定价：650.00元（USD 130.00）

投稿热线：(027)87545012　6365888@qq.com
本书若有印装质量问题，请向出版社营销中心调换
全国免费服务热线：400-6679-118 竭诚为您服务
版权所有 侵权必究

纵观近年楼盘建筑风格的走向，整体设计仍以西方古典主义风格为主导。

一方面，欧洲大陆从北到南、从古到今，一切有可能在建筑中运用到的风格，都成为中国设计师所模仿的对象，但凡发现某个类型比较受欢迎就立马蜂拥而上，群起而抄之。这种倾向欧式风格的主流设计，使各大城市相继涌现出许多规模不同却风格相似的楼盘，而这种抄袭成风的现状则在力求创新的设计界引起一片哗然。另一方面，随着西方古典主义风格在广度和深度上被中国设计师不断地运用与推进，这种主流设计出现了一些细小的变化。

首先，中国设计师在经历大量的实际项目设计中，无论是对整体风格的控制，还是对细节的推敲、材料的运用，其见解日益成熟。我曾和一些国外的设计师有过交流，虽然从设计思想上，他们并不赞同在中国这个文明古国建造大量的西方古典主义风格建筑，但就建成的实景效果而言，他们一致认为在经历大量的实践之后，中国设计师对于西方古典主义风格的控制能力甚至超过许多西方设计师。

虽然对于有思想的建筑设计师而言，面对这种有违建筑艺术历史发展规律的现象有些惶恐，但除了弱弱地呼吁几句以外也束手无策，毕竟消费者的喜好不由设计师所掌控。

其次，近两年许多代表中国本土文化或当代技术，生活方式及审美趋势的现代主义风格楼盘相继出现，且被相当一部分购房者所认可。这部分购房者大多数较年轻、文化层次较高，且对新生事物的接受度也较高。随着中国国力的上升，以及现代艺术的不断推广，该类人群会越来越多，总有一天代表时代审美的现代风格楼盘或是本土文化的楼盘将会成为设计主流。

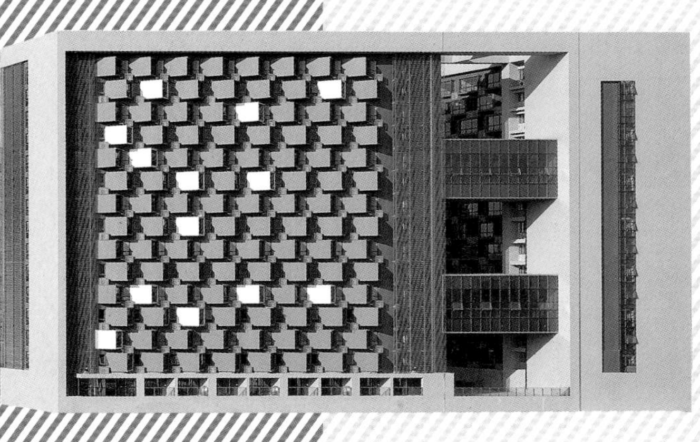

另外值得一提的是，由中国设计师王澍获得的普利兹克奖，代表了中国建筑师的崛起，代表了中国建筑师在国际舞台上话语权的提高，代表中国本土设计逐渐被认可，可以想象春天就在不远的前方。

叶阳（UA国际创始合伙人）

目录

P088-P139

>海派+古典

项目住宅突出表现优美典雅的建筑风格与人性化尺度。高层和多层的风格相互协调，同时立面形式在细部上汲取了经典建筑元素的优点，使建筑群体在整体简洁明快的基础上，体现出时尚典雅的高品质特点。

>上海紫竹森林半岛一期

项目设计以老上海石库门为原型，杂糅了20世纪初流行于上海的西洋古典风格，整体对称的建筑格局与高耸坡屋顶设计显得厚重典雅。在细节上恪守海派精工华丽精致的营造原则，将历久弥新的红色砖墙以及西方古典建筑上的浮雕图案等元素细节做到极致，保证生活格调与新海派气质的完美契合。

>上海永泰西郊别墅庄园

项目住宅建筑设计统一采用Art Deco风格，别墅建筑则撷取老上海精华，元素细节赋予古老贵族气质。别墅设计小范围内组团对称，高大的装饰符号前后呼应，视觉错落有致。

>上海绿地公园壹品

项目整体建筑风格立足新古典，采用经典的三段式立面形式，层次分明，同时吸收来自外滩和世界的灵感，运用现代的材质及工艺，既保留了材质、色彩的大致风格，同时又摒弃了过于复杂的肌理和装饰，显得典雅端庄。

>上海华润橡树湾2期

项目不仅承袭海派传统风尚韵律，并兼收Art Deco经典装饰风格。建筑外立面采用天然石材装饰，总体轮廓呈竖向线条，挺括流畅，将新古典主义的艺术美感与灵动摩登的现代气质完美交融，凸显新海派生活的高贵与典雅。

>上海华侨城西康路989号

项目采用纯粹的海派Art Deco风格，拥有丰富的线条装饰与逐层退缩结构的轮廓，外立面采用高标准石材用料，正气庄典，并融入海派元素，不仅增强了外立面的高质感，且在外观上给人以尊贵、高端的感觉。

>常州绿地外滩壹号

P140-P237

>法式+古典

项目建筑形式为法式宫殿风格，配以法式宫廷园林，多采用对称造型。整体设计注重欧式古典风格比例尺度的推敲，古典建筑构件设计表达清晰，运用不同的古典语汇，营造高贵雅致的建筑氛围。

>北京金科王府

项目的设计灵感来自法国的古典建筑，建筑设计充分汲取了法国宫廷建筑的精粹，外立面上展示的老虎窗、廊柱等都源自于卢浮宫的建筑特色，以石材之王莱姆石铺装立面，传承法式宫殿式建筑的浪漫与气度，打造原味法国社区。

>银亿·上海领墅

项目的建筑遵循法国古典主义风格作为设计主导，间以少量巴洛克片段的原则，大量采用柱廊等立面构成元素，营造出略带学院风格气质但又不失呆板的建筑形象

>南通华润橡树湾

项目采取简约浪漫的法式建筑风格，汲取西方古典建筑的经典元素，摒弃西方古典建筑中某些流派装饰的繁琐，以流畅的线条与简洁的设计结构赋予建筑内涵丰富的人文之美。

>沈阳绿地棋盘山项目

项目定位为法式风格，遵循法式立面的构图比例，还原出柱式、老虎窗、山花等细节的轮廓与尺度。同时，摒弃古典法式建筑中繁缛的雕花及线脚，体现现代建筑的时尚感。外立面采用石材，以精致的材质、色彩搭配，三段式组合，塑造高雅、温馨的居住氛围，从而体现"现代法式"和"中西合璧"风格的高度融合。

>上海绿地新都会

目录

P238-P293

>现代+古典

项目的建筑集时尚、生态于一身，在采取Art Deco风格设计的同时，融入现代艺术元素，使整体建筑外形在现代感中透出高贵典雅的韵味。

>天津经纬城市绿洲

项目采取现代经典主义的设计手法，秉承欧洲古典主义美学的中轴对称与三段式黄金比例。立面采用天然大理石装饰，呈现隽永的色泽和质感。

>无锡万科酩悦

万科城把亚洲元素植入现代建筑语系，将传统意境和现代风格对称运用，用现代设计来隐喻中国的传统。小区整体风格强调精致典雅的城市居住形象。立面设计具有现代主义风格简约特点及新古典主义风格元素，主张以典雅的建筑语言，追求小资风情感的建筑风格。

>南昌万科城项目一期

P294-P331
>英伦+现代

英伦乔治王时代风格的别墅遵守古典建筑秩序，注重立面对称庄重的形式感，强调别墅门廊的装饰性。而Art Deco建筑风格的花园洋房沿袭巴黎气质与绚烂的纽约时尚，强调外立面的纵向线条的使用。

>南京保利紫晶山

项目充分考虑到新乡本土特质，以开放的英伦主义建筑规划理念，结合现代简约的设计手法，外墙面饰以暖色高档面砖，局部石材为主，加浅淡的涂料，既使建筑物现代、高雅，又使居住区幽静宜人。

>河南新乡温莎城堡

项目承袭百年英伦建筑及街区规划之精华，融合英伦红砖、文化石材、人字形屋顶等英伦元素，再现了原味英伦红砖建筑群，漫步实景示范区，仿佛置身于英国小镇。

>天津融创北塘君澜名邸

P332-P365
>地中海+现代

建筑为泛地中海风格，简约、大气、沉稳，并融入地中海托斯卡纳风格的拱形门廊、情调阳台等元素，构建了一幅幅优美的休闲画卷。立面设计为前后错落，局部设计有坡屋顶、台地高差、穿插变化的院落，共同营造出一个充满异域田园风情的宜居场所。

>贵阳中铁·逸都国际

>P342

项目采用地中海式建筑风格，同时加以现代手法进行设计。立面用色丰富艳丽，线条设计简单且修边浑圆。

>深圳观湖园

项目借鉴地中海式山地风情小镇的建筑与布局特点，别墅采用原汁原味的西班牙建筑风格，外立面选用红陶土筒瓦和STUCCO手工抹灰墙，以及充满质感的文化石，从而凸显自然而富有品味的建筑形象。

>大连万科天麓·溪之谷

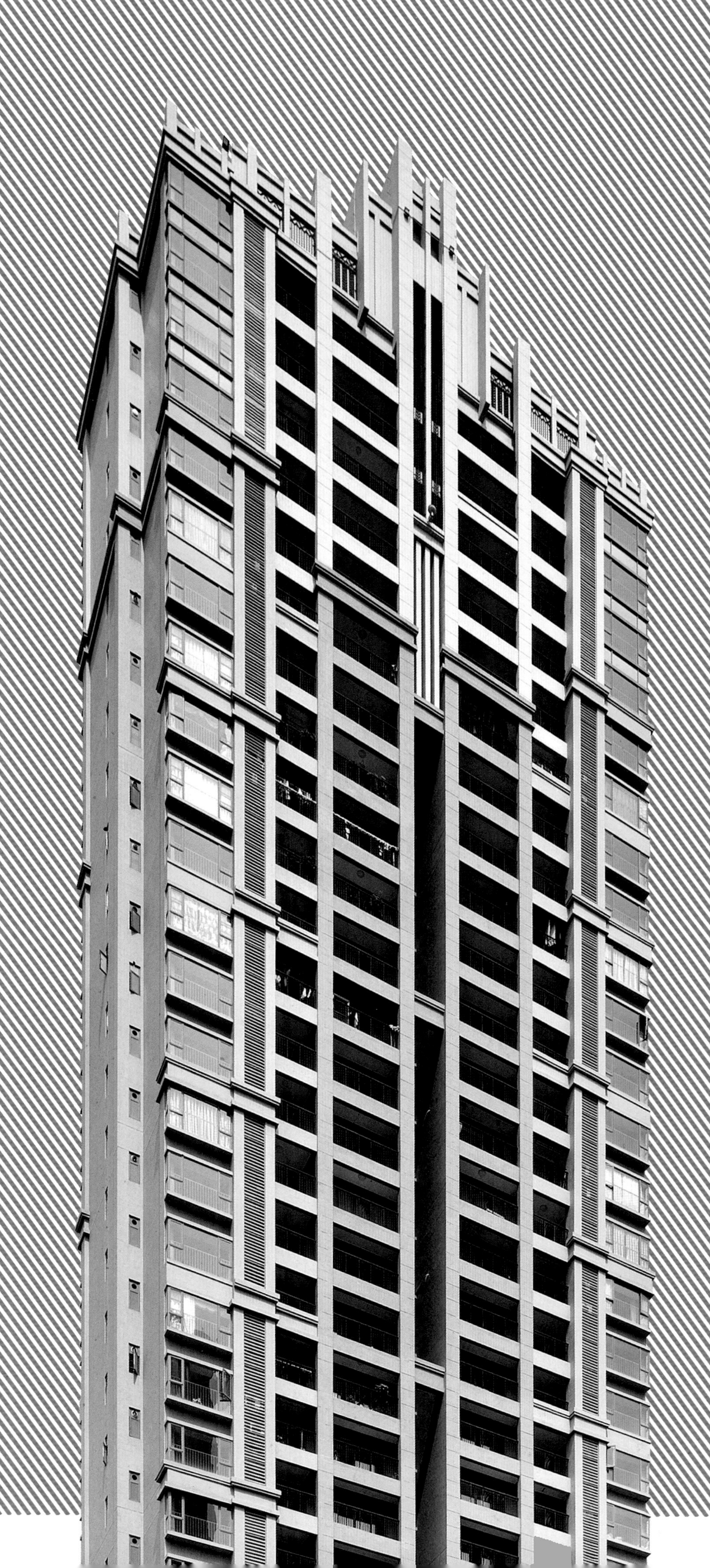

新古典+装饰艺术

以新古典主义风格为基调，融合装饰艺术风格流派的精髓，强调建筑物的高耸、挺拔，同时将各种建筑元素巧妙地融入到建筑立面中，成为一种摩登艺术的符号。

新古典+装饰艺术建筑既摩登时尚又不至于太过激进，是古典对称和现代简约的完美结合体。建筑立面采用新古典风格简洁的分段式造型，在强调体积感挺拔沉着的基础上，凸显建筑的时代感和创新性。色彩以明快为基调，突出端庄、高雅的风范。在装饰艺术建筑上，铝、不锈钢、青铜等轻巧金属不可或缺，被应用在屋檐、电梯门、以及装饰柱上，大量的细节设计不仅削弱了建筑的大体量对人的压抑感，同时也使建筑有更强的趣味性。

关键词：华贵优雅 艺术气息

Art Deco 风格融合现代工艺

▶ 上海格林公馆

第7届金盘奖
年度最佳综合楼盘
2012

开发商>>
上海格林风范房地产发展有限公司
建筑设计>> 上海日清建筑设计有限公司
项目地点>> 上海嘉定区
占地面积>> 66 195.9平方米
建筑面积>> 171 895平方米
供稿>> 上海日清建筑设计有限公司
采编>> 盛随兵

风格融合：*项目沿袭Art Deco建筑风格，强调立面竖直线条与对称的韵律感，用现代工艺与材质打造适合现代人审美观的古典元素，追求居住的舒适度与品位，同时建立社区独特的风格。*

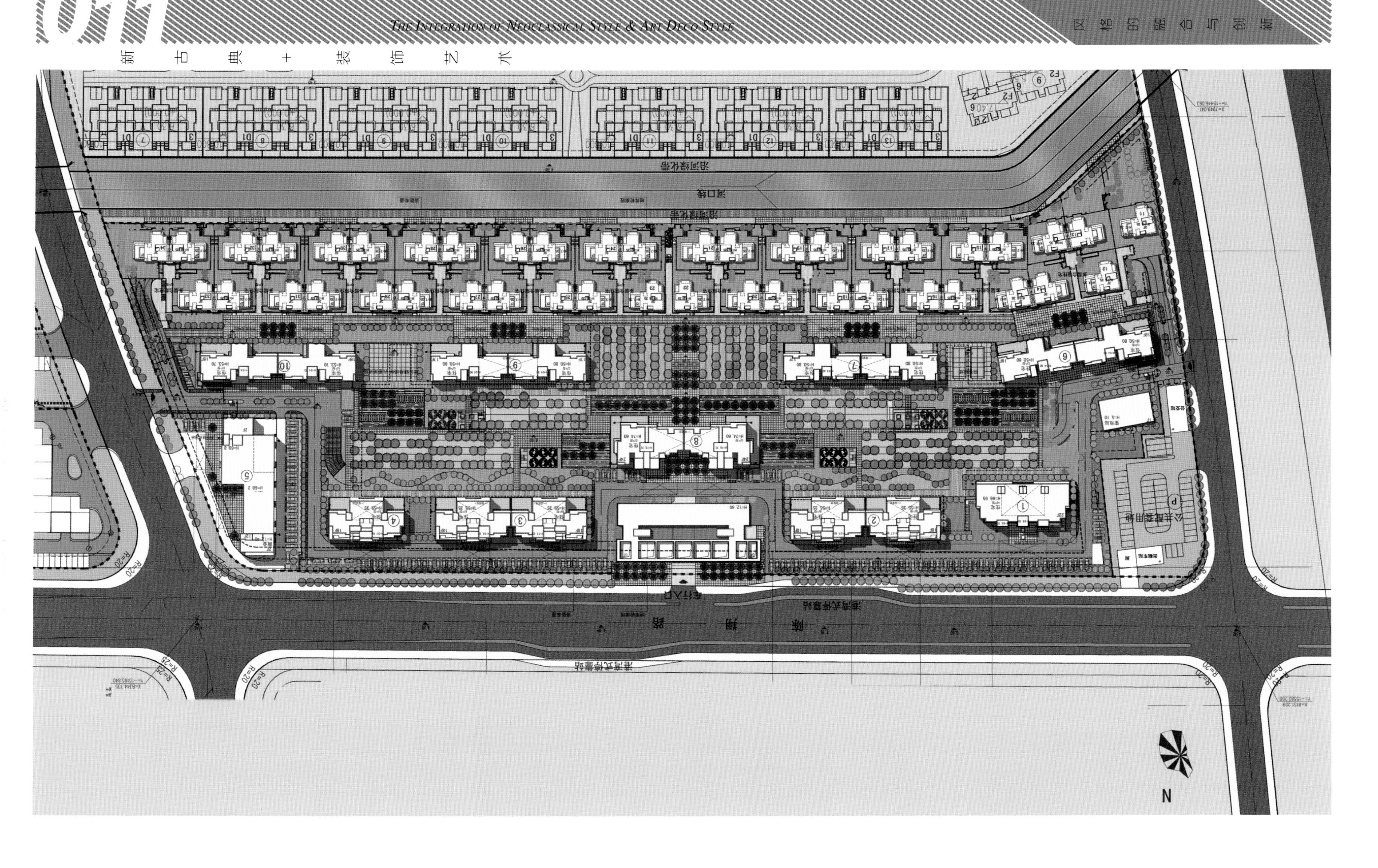

▼ 总平面图

项目概况

地块为商住用地，在陈翔路和芳林路转角处集中布置了公共服务和商业设施，住宅放在用地中间。住宅采用南低北高的布局方式，层层退台，保证每种物业类型的采光和景观，同时能有效屏蔽北侧陈翔路的城市噪音。高层尽量布置于四周以留出中央集中的大绿地，南北双向的韵律，使整个社区以极为简洁的两种形态构成，打造一个别具一格的居住小区。

功能分区明确

针对上海的气候和业主对户型平面的要求，高层住宅户型每家每户每个房间都能具备自然采风采光，组织好穿堂风。在户型设计中，强调功能分区，以厨房为家务劳动核心，功能分区上强调服务区的设计，将厨房作为空间界定的一个环节，把动态的起居空间和静谧的卧室空间以服务区来分隔，使居室空间的质量得以提高。

点线面相结合的绿化体系

规划公共绿地分城市公共绿地和小区公共绿地。设计上采用点、线、面相结合的方式，合理搭配树种，与小品草坪、小径、建筑形成优美整体的居住环境，各类景观的配置与设施均以这原则为基础，形成丰富多彩的绿化景观环境。

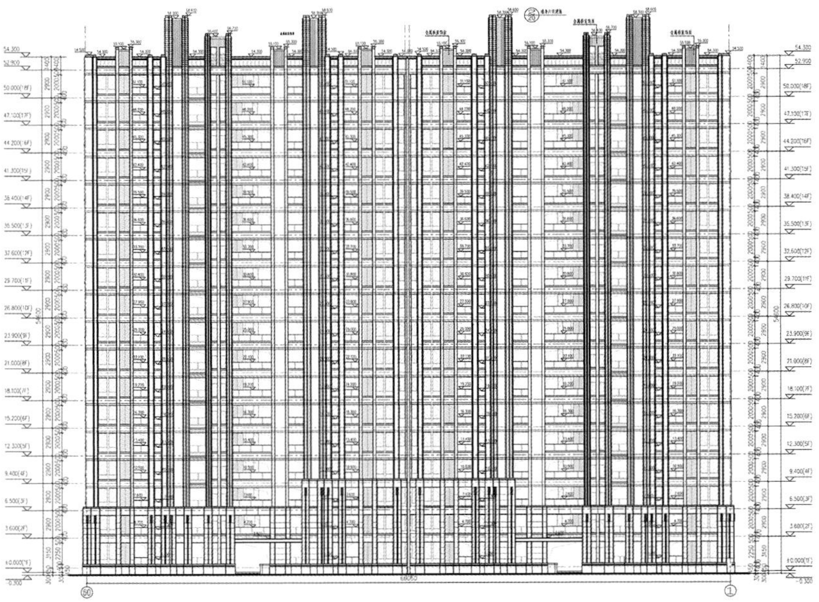

2号楼立面图

Art Deco风格融入现代元素

建筑采用了Art Deco风格，既延续了Art Deco风格的比例和韵味，又结合的现代材料和手法，追寻技术美与人情味的和谐统一，使居住者情感回归于宁静与自然。

建筑线条鲜明，凹凸有致，颜色稳重大气，呈现出一种华贵。在立面装饰细节上，强调协调的比例关系和精美纯正的建筑细节。建筑细节和造型在精美的石材立面上产生出丰富的光影关系，使建筑产生强烈的感染力。

▼ 8号楼立面图

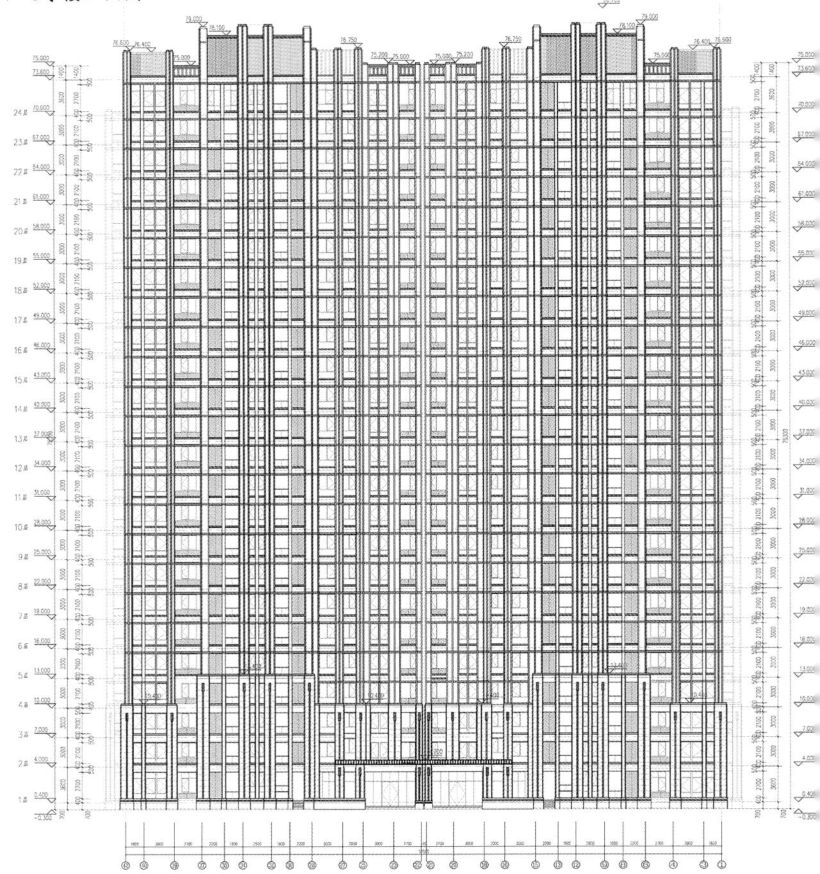

▼ 别墅立面图

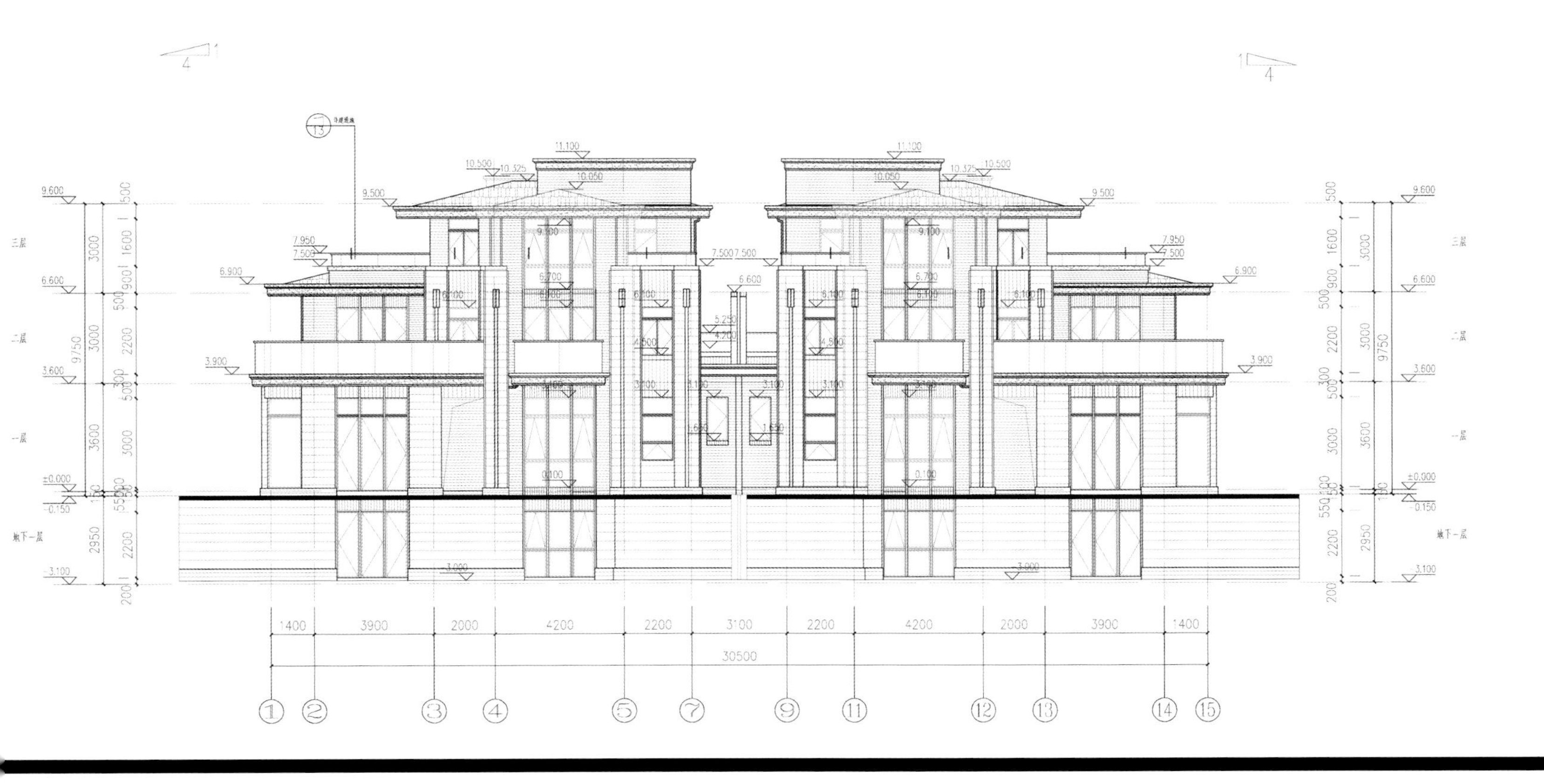
1400
3900
2000
4200
2200
3100
2200
4200
2000
3900
1400
30500
1
2
3
4
5
7
9
11
12
13
14
15

▼ 合院别墅一层平面图

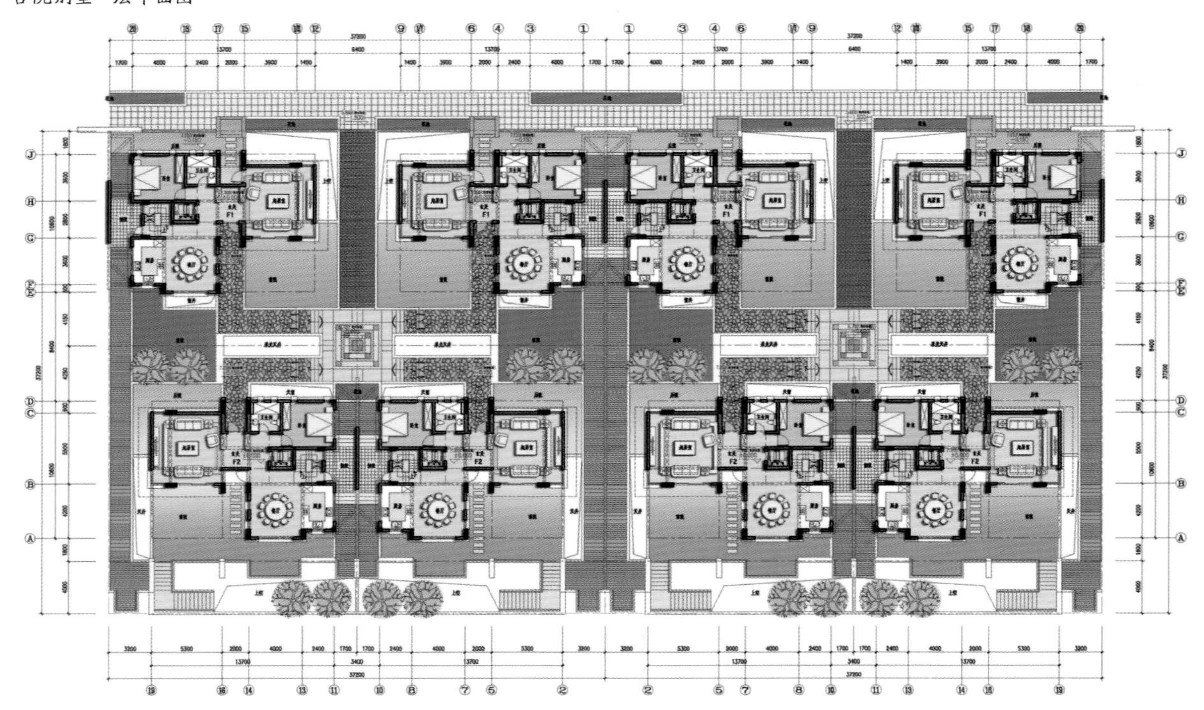

▼ 合院别墅二层平面图

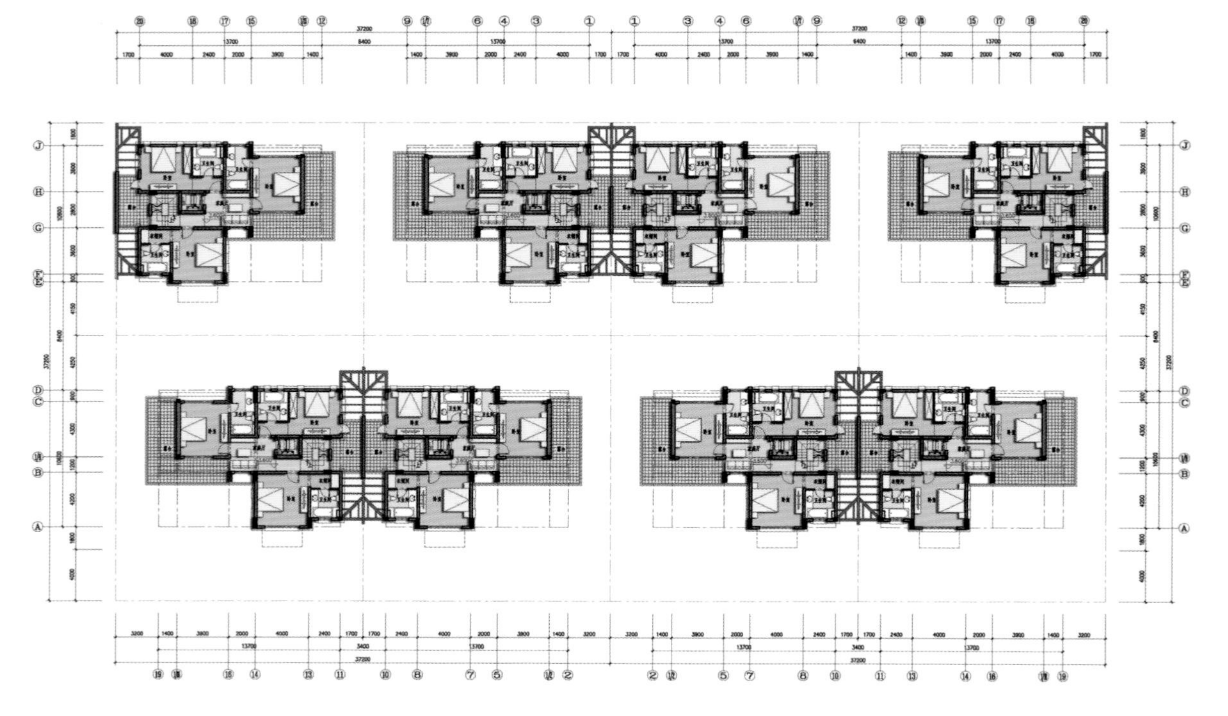

▼ 合院别墅三层平面图

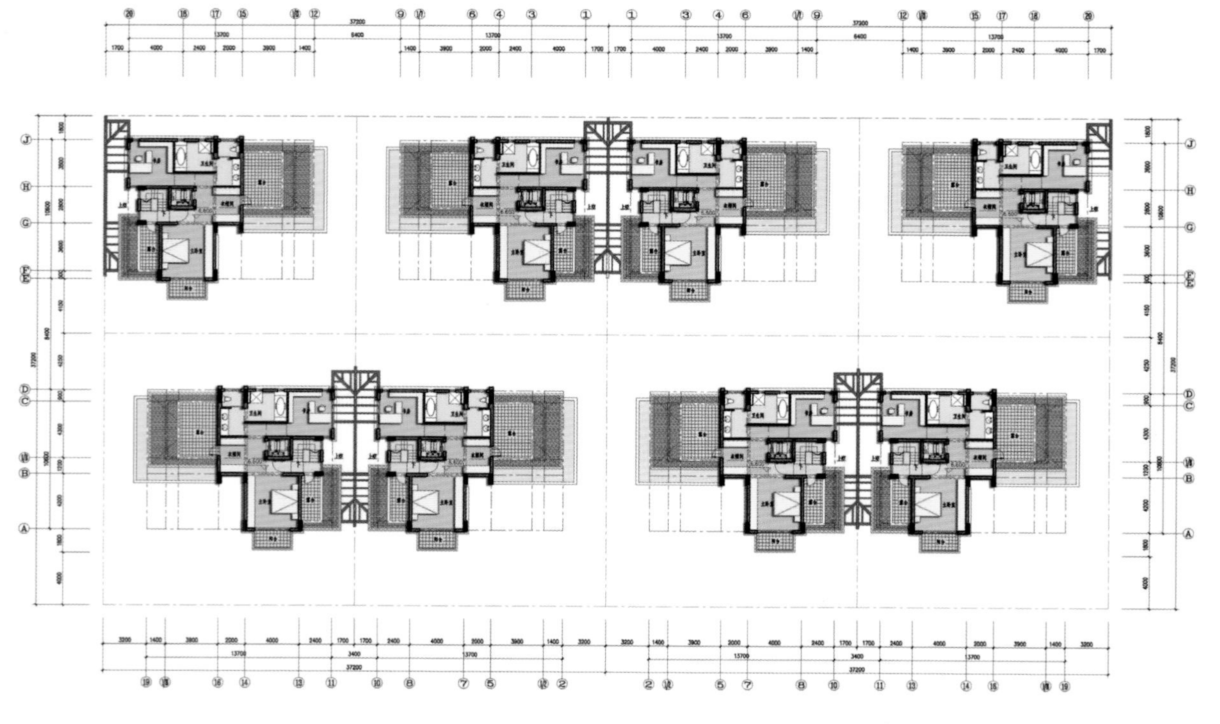

三段式立面装饰艺术元素

▶ 佛山中海万锦东苑

开发商>> 中海地产（佛山）有限公司
建筑设计>> 梁黄顾建筑师（香港）事务所有限公司
景观设计>> 泛亚环境（国际）有限公司
项目地点>> 佛山市南海区
占地面积>> 75 936平方米
建筑面积>> 268 000平方米
采编>> 李忍

风格融合：*项目建筑立面采用新古典风格简洁的分段式造型，细部吸取了装饰艺术风格流派的精髓。利用中心轴对称的构图方式，通过对形体、颜色的合理使用，强调立面的中心，凸显建筑的标志性、挺拔感。*

▶ 总平面图

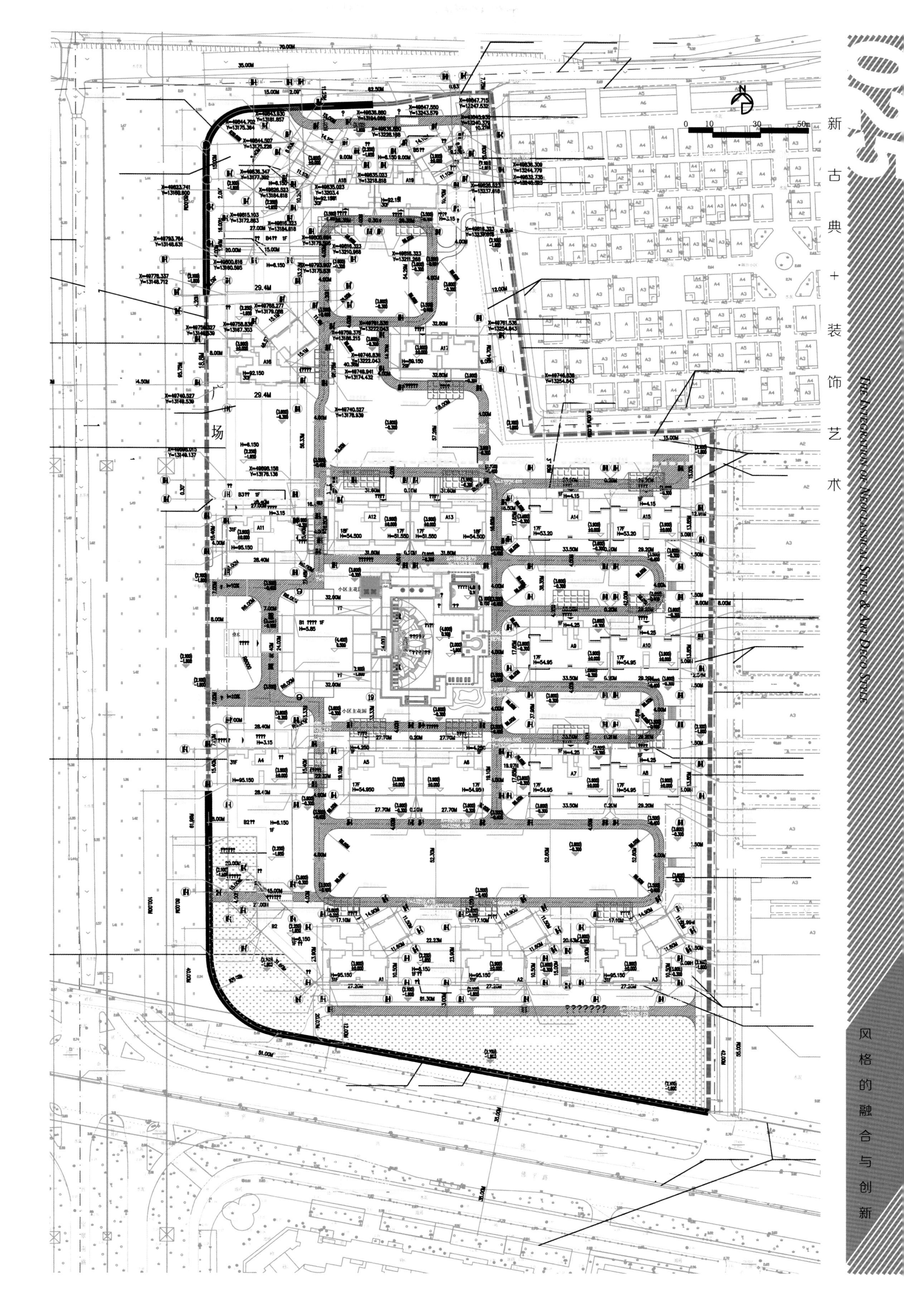

都市化雅致生态社区

项目定位为佛山市具有代表性、国际化、都市化、雅致的生态社区。规划上采用高层建筑加大面积园林的布局方式，通过布置高层建筑，降低建筑密度，增加楼距，扩大园林面积，营造园区怡人的舒适环境。

项目住宅分为两种物业类型：31～32层高层，户型面积为90平方米～170平方米，而中部园林区的17～18层中高层户型面积为180平方米～400平方米。景观环境围绕“家是放‘心’的地方”这一宗旨，采取新古典风格设计。景观主要分为主入口景观区、中心景观区和宅间景观。

新古典风格结合装饰艺术元素

项目采取新古典风格三段式立面设计，首层到三层局部采用光面黄锈石装饰，线条比例协调有致，高贵大方，时尚典雅，墙身按楼层由低到高采用褐色至浅黄色的渐变，由下往上色彩的重量感逐渐弱化，不仅增强了建筑的稳重感，同时也增加了建筑的艺术性。另外，通过提炼的一些精致的植物元素，结合石材、铁艺等工艺，巧妙地融入到建筑立面中。

在建筑顶部的简化几何形体有机组合是装饰艺术运动最典型的设计风格之一。相对轻巧且易于批量生产的金属，比如铝、不锈钢、青铜等，在装饰艺术建筑上尤其不可或缺。这些金属被应用在屋檐、电梯门、以及装饰柱上，同时还被用来减轻石制元素的沉重感。

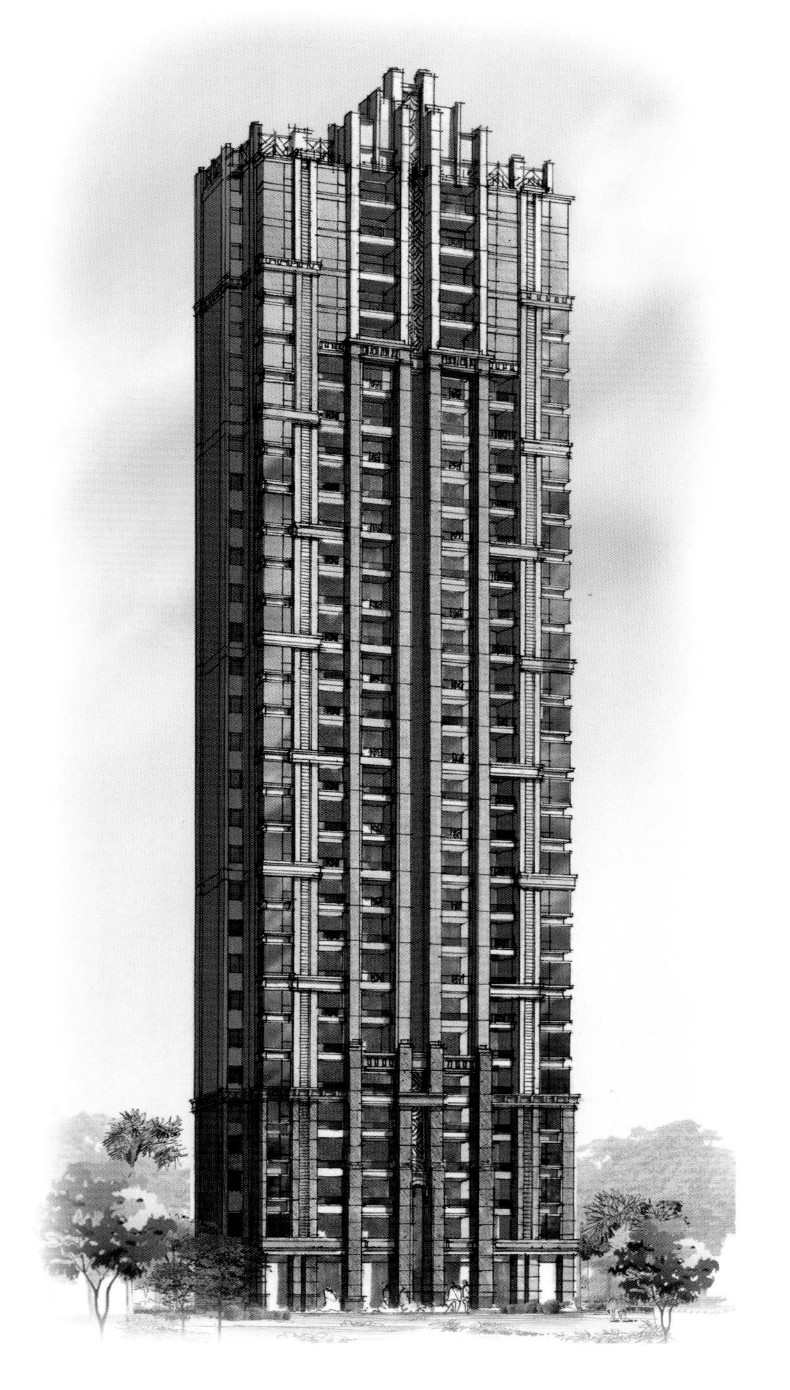

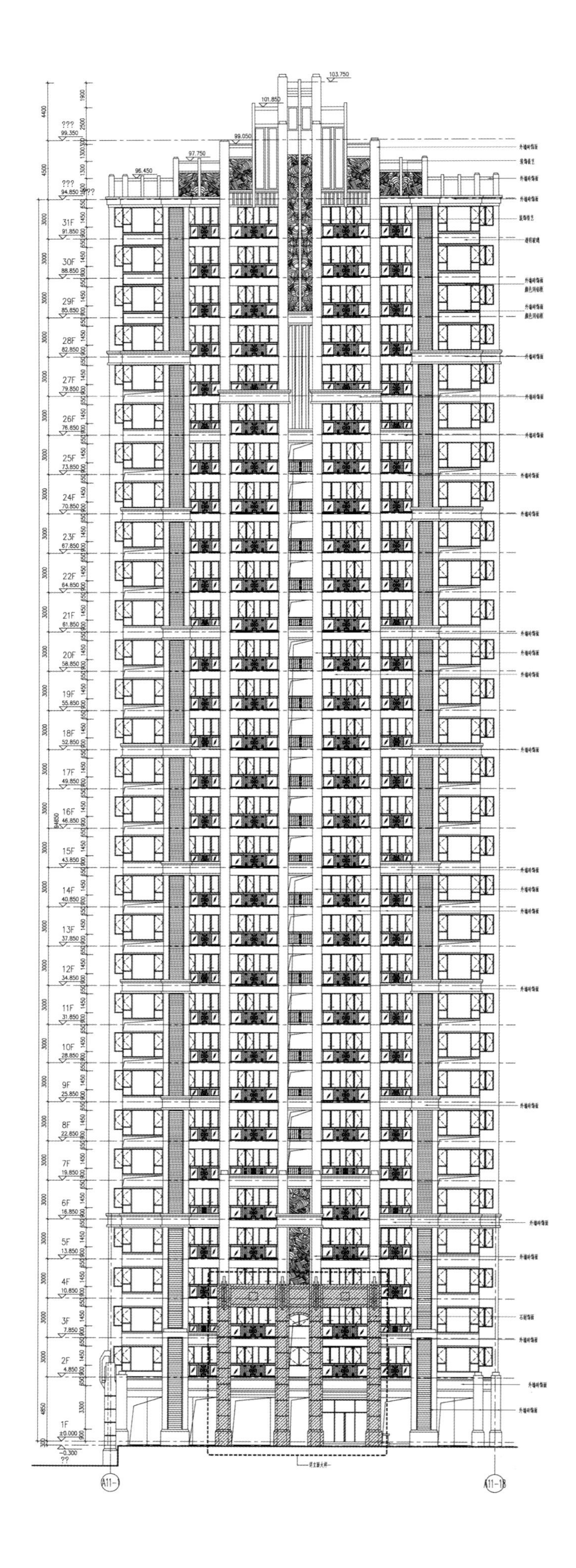

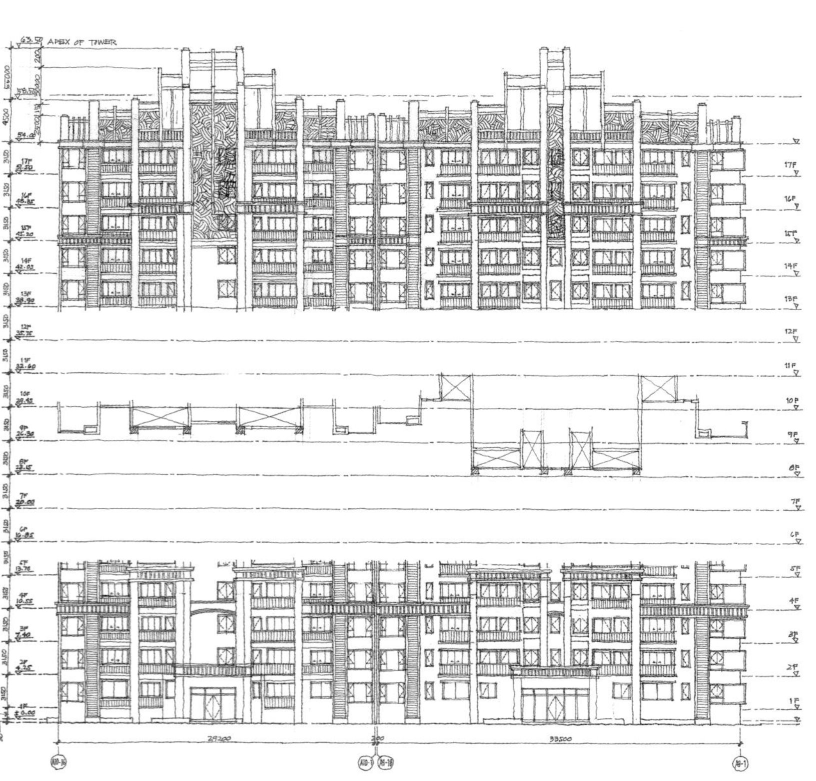

◀ A9-10北立面图

▼ A11立面图

▼ A11立面图

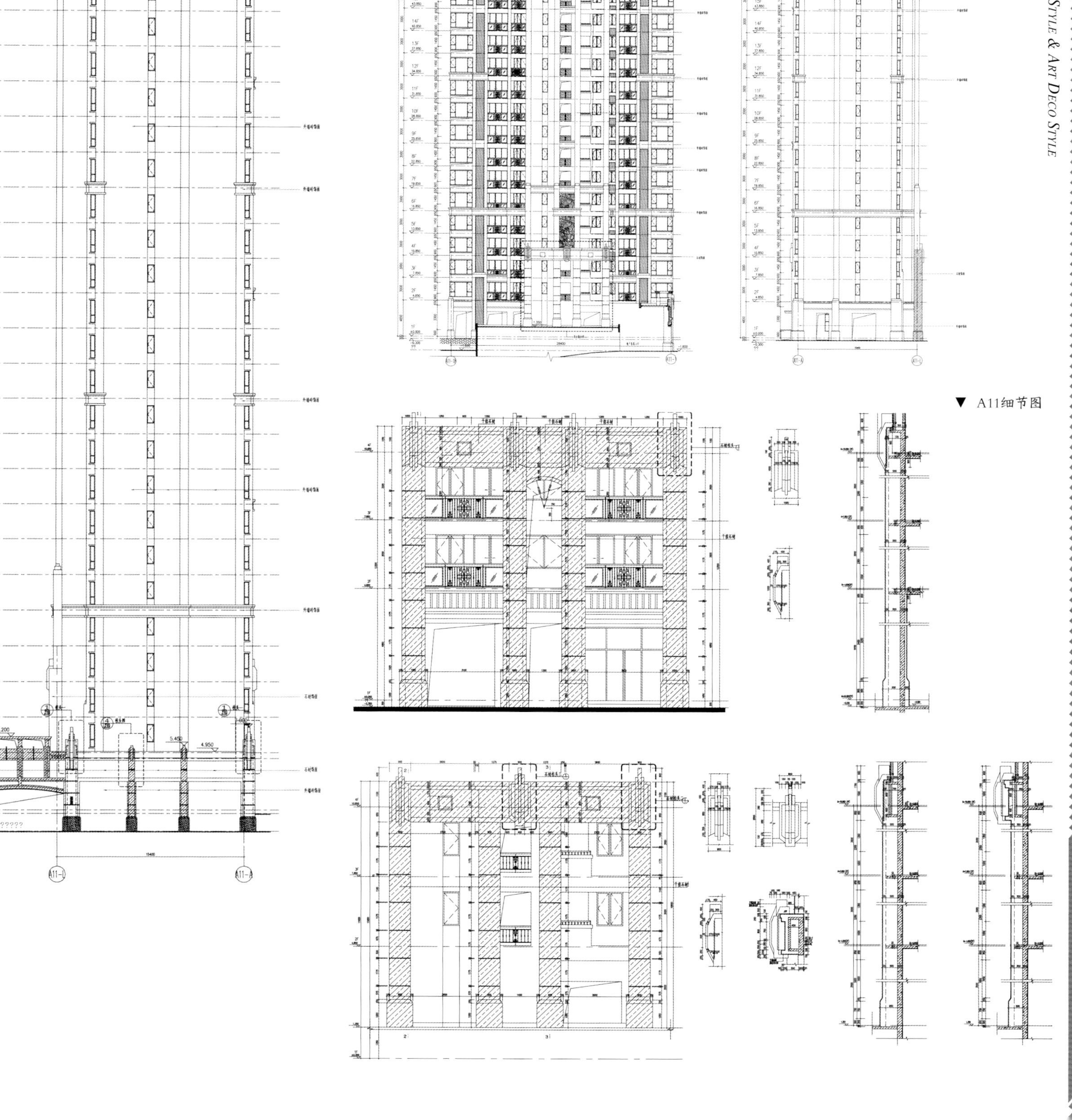

▼ A11细节图

入口处精心设计的石材门楼及整个仿石外墙砖的运用，融合了陶器的质地、金属的细腻，提升了建筑的尊贵感。大量的细节的设计不仅削弱了建筑的大体量对人的压抑感，同时也使建筑有更强的趣味性。

绿色可持续建筑材料

在建筑材料方面，项目注重使用绿色可持续的建筑材料，以加气混凝土为外墙材料，外墙内层采用玻化微珠保温砂浆隔热，聚苯板为屋面保温隔热材料，结合中空玻璃，达到住宅节能要求。

三段式
古典韵味

▶ 上海新城公馆

开发商>> 新城地产
建筑设计>> 中国建筑设计研究院-上海中森
项目地点>> 上海市嘉定区
占地面积>> 45 152平方米
建筑面积>> 104 767.87平方米
供稿>> 新城控股/中国建筑设计研究院-上海中森
采编>> 盛随兵

风格创新: *项目为新古典主义风格，主体挺拔硬朗为经典三段式的处理手法，并将各种建筑元素巧妙地融入整个建筑风格之中，色彩的大胆运用和体形的凹凸变化及高低错落，形成丰富的轮廓线和建筑景观。*

新城公馆
尚
塘
宝
翔
林
路
12F
56.8M

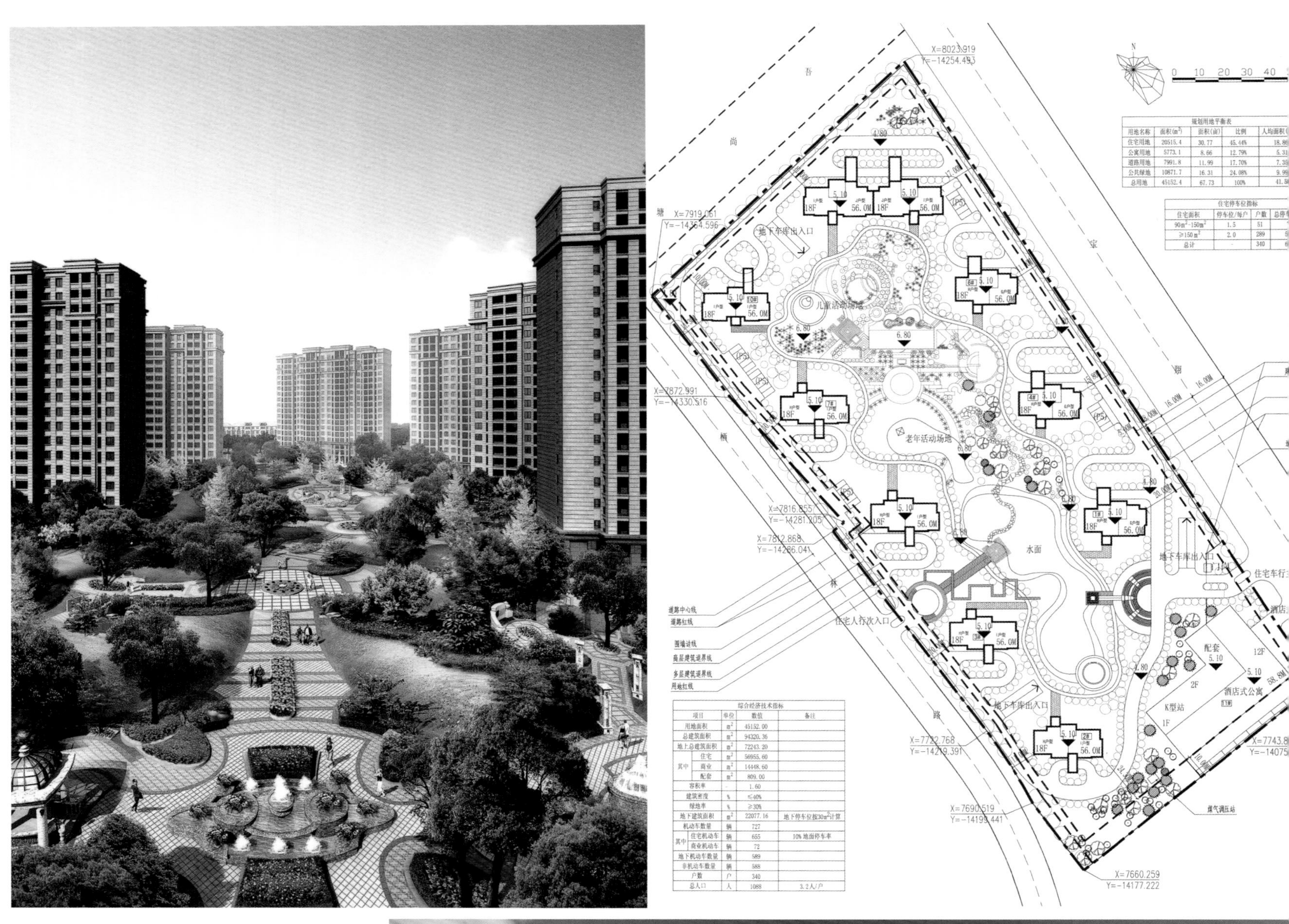

综合经济技术指标				
项目		单位	数值	备注
用地面积		m²	45152.00	
总建筑面积		m²	94320.36	
地上总建筑面积		m²	72243.20	
其中	住宅	m²	56955.60	
	商业	m²	14448.60	
	配套	m²	809.00	
容积率		-	1.60	
建筑密度		%	≤40%	
绿地率		%	≥30%	
地下建筑面积		m²	22077.16	地下停车位按30m²计算
机动车数量		辆	727	
其中	住宅机动车	辆	655	10%地面停车率
	商业机动车	辆	72	
地下机动车数量		辆	589	
非机动车数量		辆	588	
户数		户	340	
总人口		人	1088	3.2人/户

规划用地平衡表				
用地名称	面积(m²)	面积(亩)	比例	人均面积(
住宅用地	20515.4	30.77	45.44%	18.86
公寓用地	5773.1	8.66	12.79%	5.31
道路用地	7991.8	11.99	17.70%	7.35
公共绿地	10871.7	16.31	24.08%	9.99
总用地	45152.4	67.73	100%	41.5

住宅停车位指标			
住宅面积	停车位/每户	户数	总停
90m²-150m²	1.5	51	[illegible]
≥150m²	2.0	289	[illegible]
总计	-	340	[illegible]

项目概况

新城公馆位于上海嘉定区南翔镇，毗邻金地格林世界。所在街区靠近A12公路，坐拥双轨配套。本案以生态化、集约化的规划设计，依据地形从西北角到东南角由高到低分布，将3栋面积最大的户型布局在基地西北角，面向小区中央景观花园。将小区配套用房结合公寓式酒店布局在基地东南角，降低道路等级较高的宝翔路对基地影响。其余7栋18层的小高层平层大宅围绕中央大花园排列，朝向正南，开阔的视野提升产品价值。

经典三段式立面

以新古典主义风格打造的新城公馆，建筑外形采用经典三段式的处理手法。底层层高4.49米，结合南北双大堂设计，直接把景观中心和住宅核心筒连接起来，让住户体验尊贵的私家主题花园。顶部结合退台和屋顶的做法充分体现了新古典的厚重感和高贵气质。

建筑外墙装饰全部采用米色石材干挂，配合古铜色铝合金幕墙；基座为全石材打造，以印度进口石材贵妃红奠定社区高尚基调。顶部采用瑞典高级喷砂面，并通过基座与中部、顶部的材质与色彩的对比与映衬，形成高贵典雅的氛围。

▼ 标准层平面图（2、3、5、7号楼）

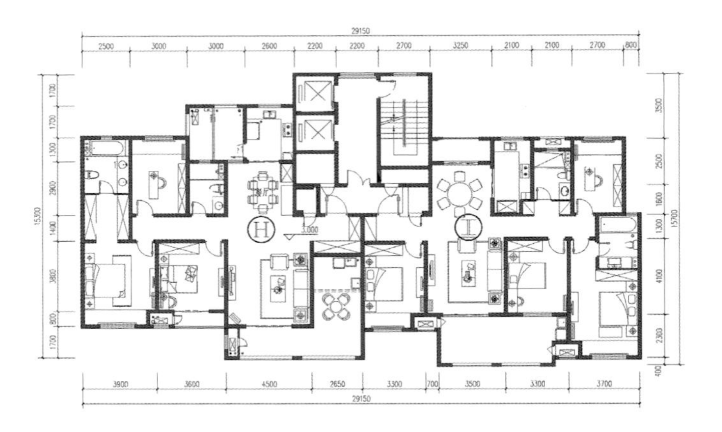

▼ 一层平面图（2、3、5、7号楼）

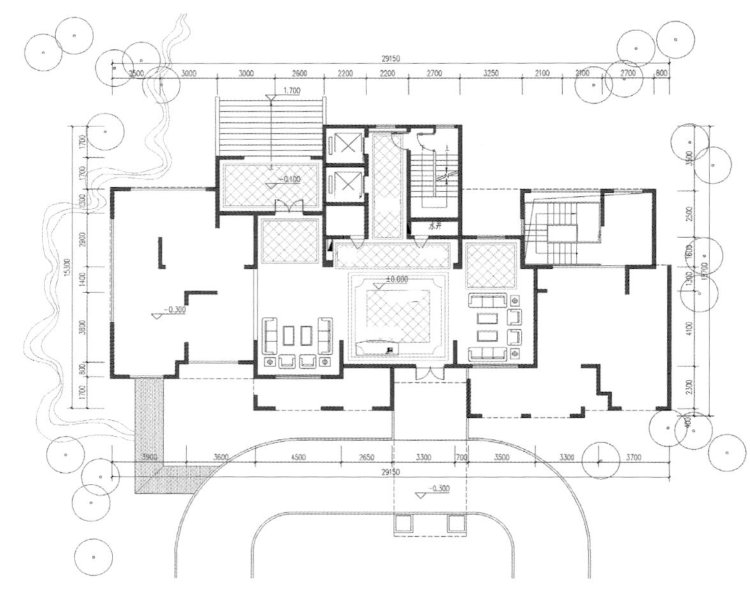

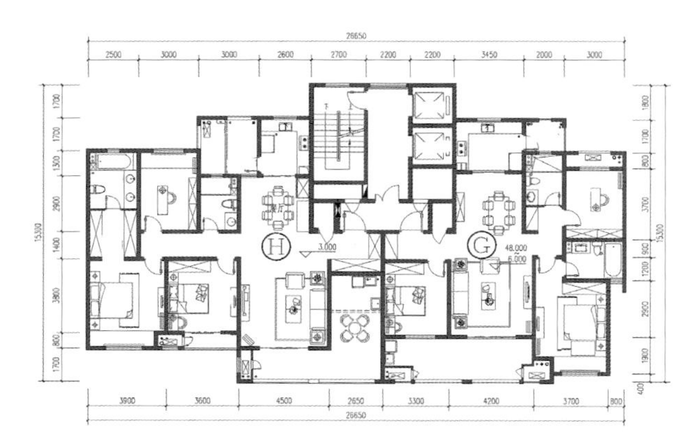

▲ 标准层平面图（1、4、6号楼）

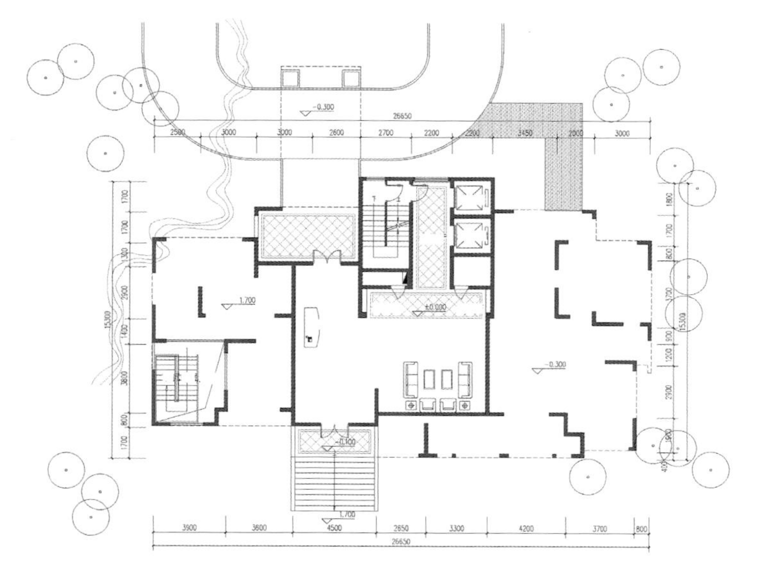

▲ 一层平面图（1、4、6号楼）

▲ 一层平面图（8、9号楼）

▲ 标准层平面图（8、9号楼）

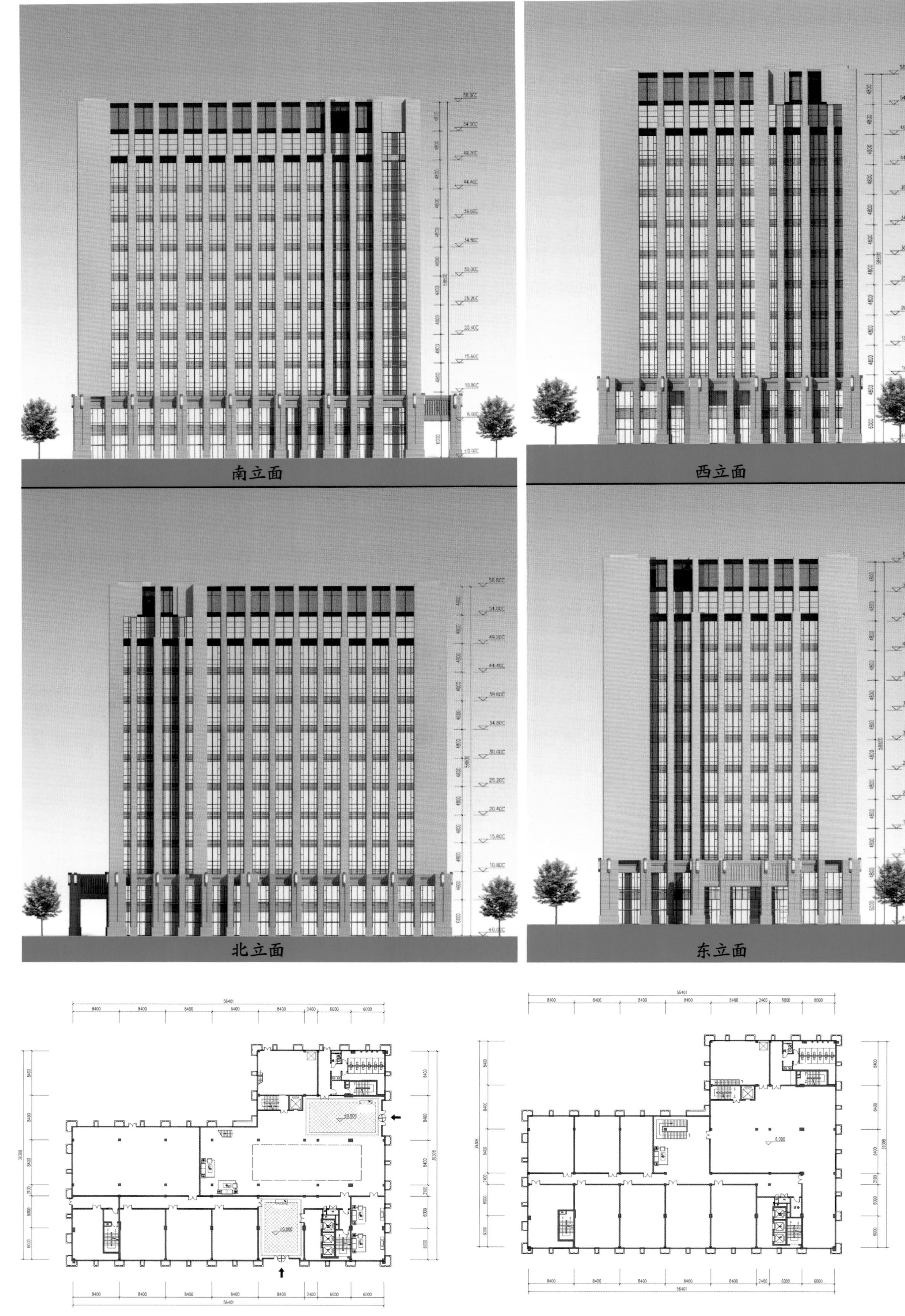

▲ 一层平面图（11号楼）

▲ 二层平面图（11号楼）

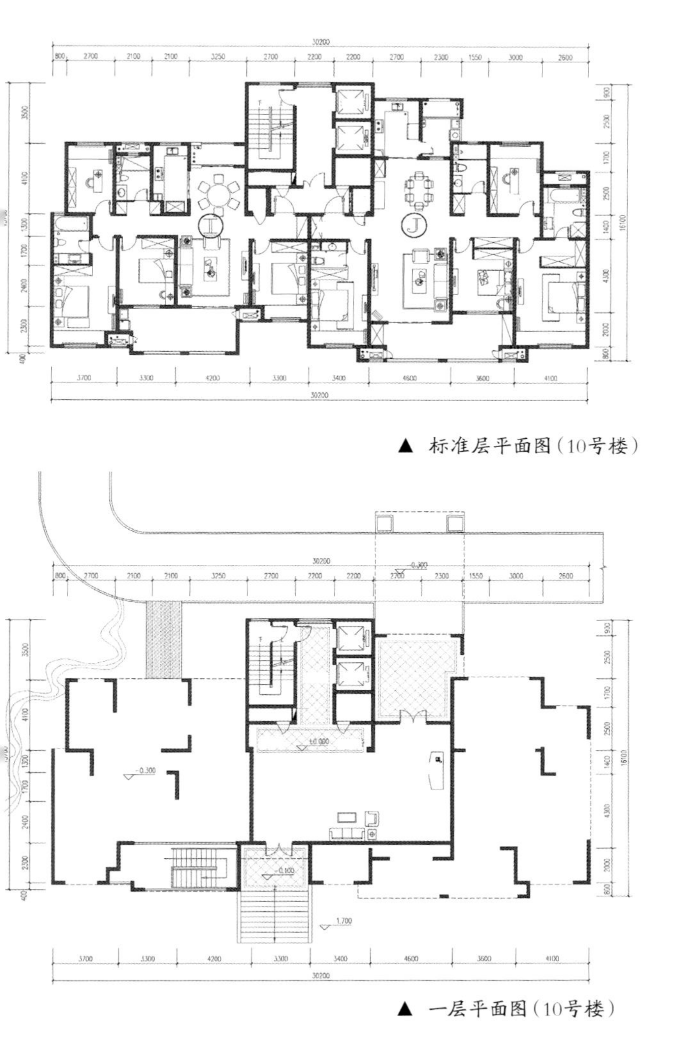

▲ 标准层平面图（10号楼）

▲ 一层平面图（10号楼）

南立面

北立面

“一心一环”景观设计

本案以基地中心200米×45米的景观花园为核心，在北侧景观中心以绿化和种植结合步行道为主。南侧景观中心布置大面积水面，使得小区南北所有住户都能享受到水景。结合半地下车库设置的中央花园，营造出尺度宜人的绿化空间。

人车分流

新城公馆采用抬高地下车库的方式，将车库入口移至社区外部，所有车辆都从小区外直接进入地下车库，同步隔离车流、噪音与排气污染，真正实现人车分流。

NOTES

天然石材卡拉麦里金

项目门楼运用采自新疆戈壁的天然石材卡拉麦里金，这种石材素有"建筑之玉"的美称，底部呈浅黄色，黑色匀缀其中，利用其天然固有的花色、形态，艺术地展现其中的色彩、纹路，高贵而素雅，适合新城公馆的文化气质。

四明户型

每户均保证明厨、明卫、明卧、明厅的四明格局。这种户型设计不仅保证每户均有良好的南向日照，而且尽量使更多的房间、阳台朝向绿地，做到户户有景。

室内空间组织合理，动静分区，洁污分区，精心设计公共空间和私人空间、就餐空间与居寝空间的关系，在控制单套面积的同时，满足各使用空间的建筑面积要求。

色彩明快 造型典雅

▶ 武汉保利·心语

项目地点>> 武汉市洪山东湖开发区
建筑设计>> 上海联创建筑设计有限公司
占地面积>> 126 009平方米
建筑面积>> 393 497平方米
供稿>> 上海联创建筑设计有限公司
采编>> 盛随兵

***风格创新：** 项目在现代建筑、局部装饰主义的整体原则下，集合不同的建筑立面表现手法，创造出丰富多样且协调统一的整体效果。建筑外立面采用面砖或者石材，且重视整体的装饰性，建筑整体风格典雅大气，既有现代风情，同时具有历史感和文化感。*

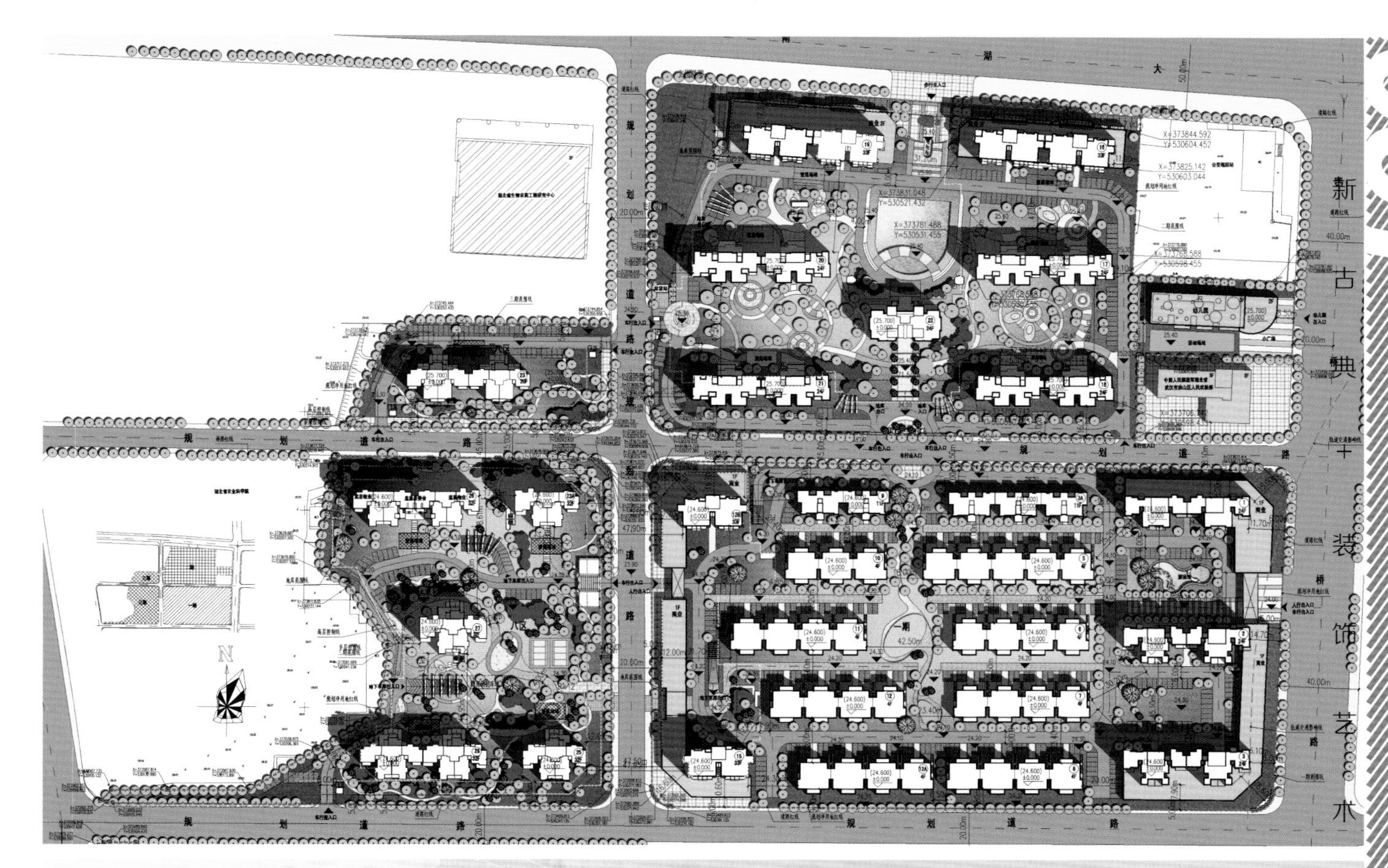

复合型社区

项目地处武汉东湖技术开发区南湖农业园，紧邻城市主干道南湖大道，与风景秀美的野芷湖相连，拥有近千米超长湖岸线，东望狮子山。项目定位为一个城市区域级的复合型社区，物业形态含盖别墅、小高层、高层。项目总平面布局结合周边整体城市空间的脉络与发展，由城市道路自然分割成四个地块三个区域，每个区域都有丰富多样的产品组合，实现居住、商业、自然三个环境的有机融合。

南北通透户型

户型设计多为南北通透，布局紧凑方正。客厅、餐厅、卧室等主要功能空间尺度大方，最大化发挥空间的实用性。宽敞的阳台使客厅能完美采光，卧室结构采光均好。明厨、明卫、干湿分离，符合现代人的居住理念。

人性化景观

景观构想以贯穿南北的景观大道为核心，横向景观次轴为辅，有效连接3个住区。各住区中心布置大型公众的景观功能，强调独特性，同时结合组团围合小尺度景观节点，创造人性化景观体验。

▼ 高层平面图

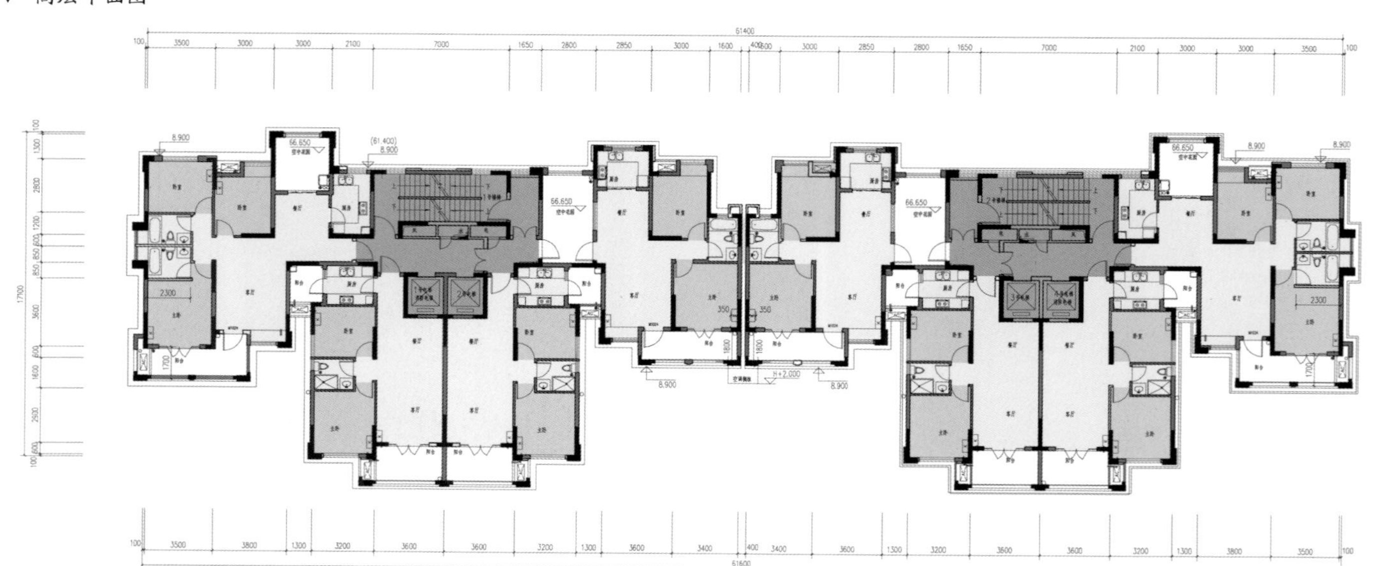

尺度近人 形式典雅

单体设计在合理、便捷、实用、经济的基础上，通过形体组织、空间围合、材料搭配、比例推敲、细节考量，营造一个具有现代感和历史感的建筑形象。

别墅产品尺度近人，通过精致细部的推敲，注重对材料质感的控制，通过文化石、面砖与富有质感的涂料相互搭配，不同尺度的景观花园穿插其中，为住户提供一个亲切的生活场景。高层建筑强调比例的推敲，典雅的形式，以及现代明快的建筑外立面色彩来体现居住建筑风格的特点，塑造独特的个性特征。

◀ 洋楼一层平面图

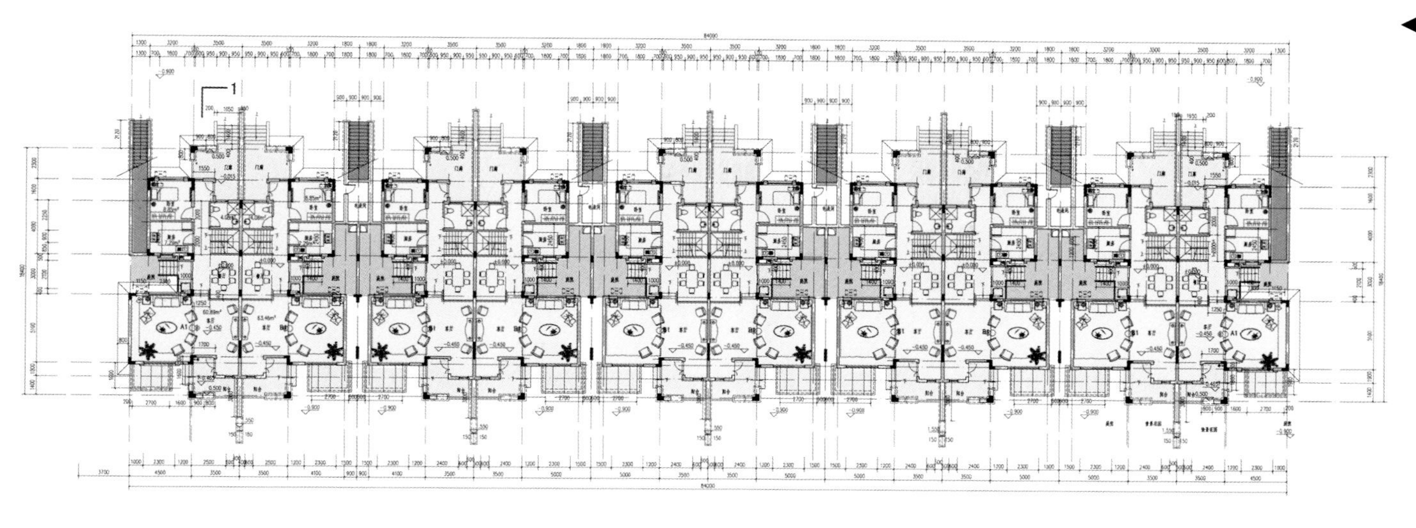

◀ 洋楼二层平面图

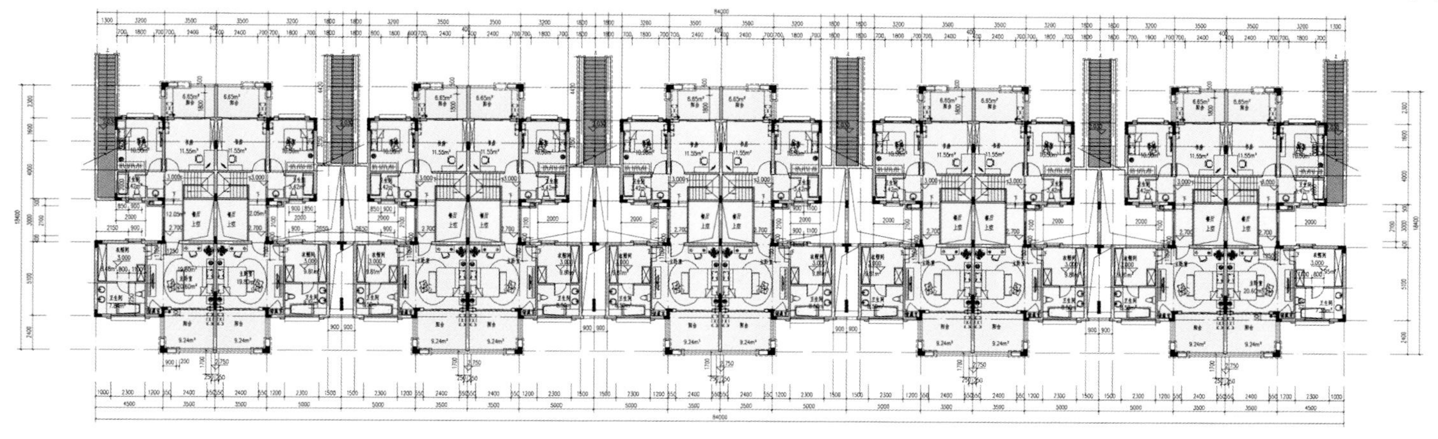

◀ 洋楼三层平面图

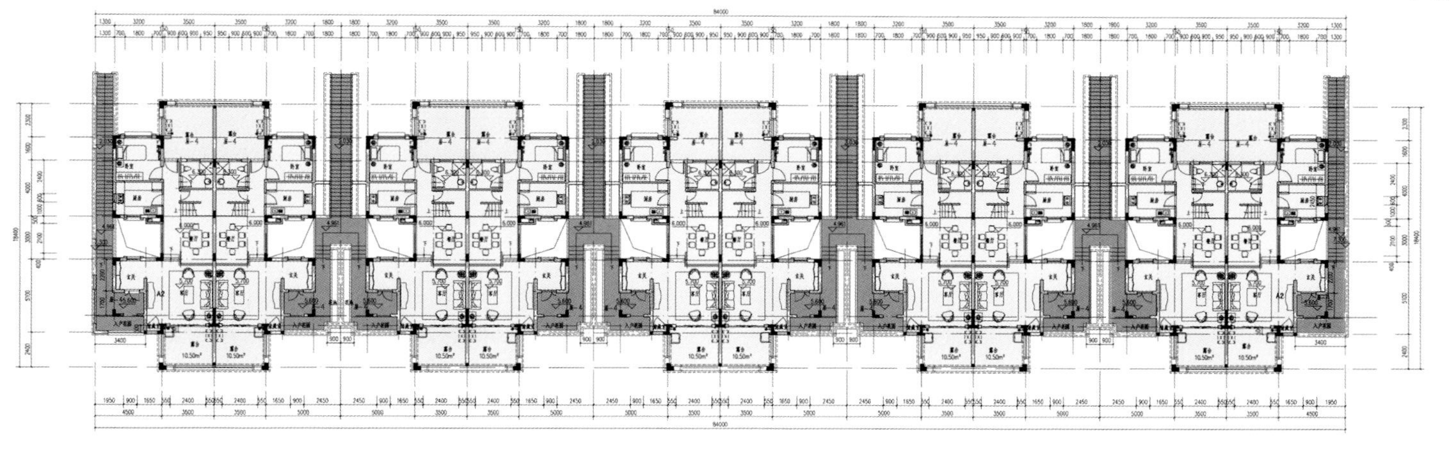

▼ 洋楼四层平面图

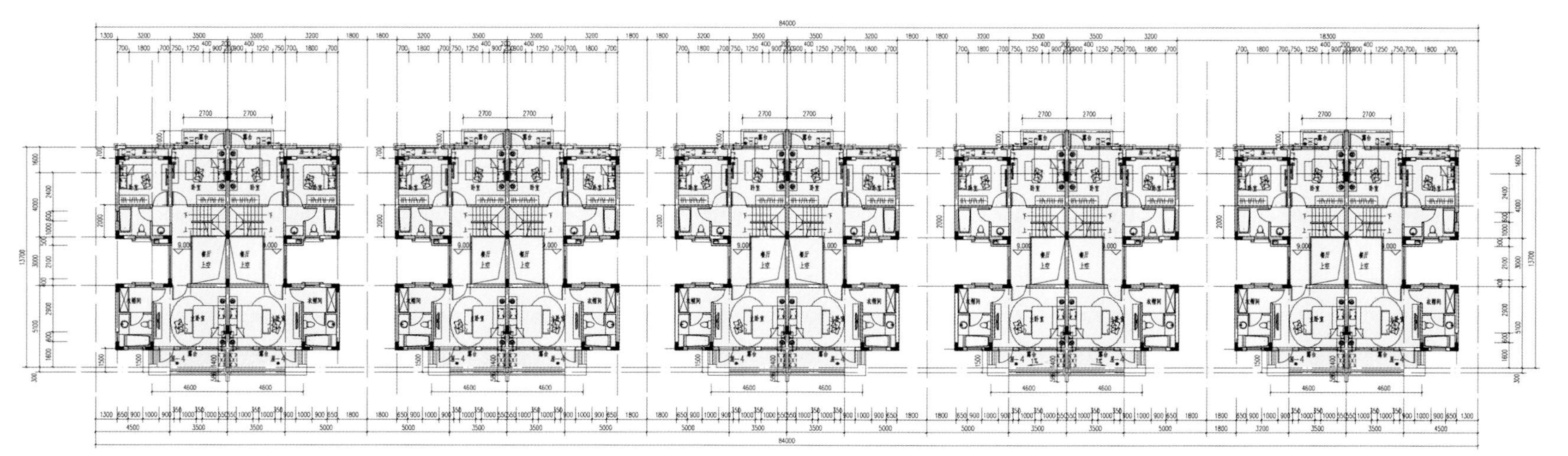

装饰艺术风格
古典建筑元素

▶ 慈溪金地鸿悦

开发商>> 慈溪金启房地产开发有限公司
项目地点>> 浙江省慈溪市
占地面积>> 80 070平方米
建筑面积>> 212 284平方米
采编>> 盛随兵

风格融合：*项目建筑以艺术装饰风格为基调，住宅立面采用新古典风格，建筑色彩以明快为基调，建筑群体高低错落，天际线以及立面上实虚的不同比例，表现出建筑外观变化和丰富的一面。*

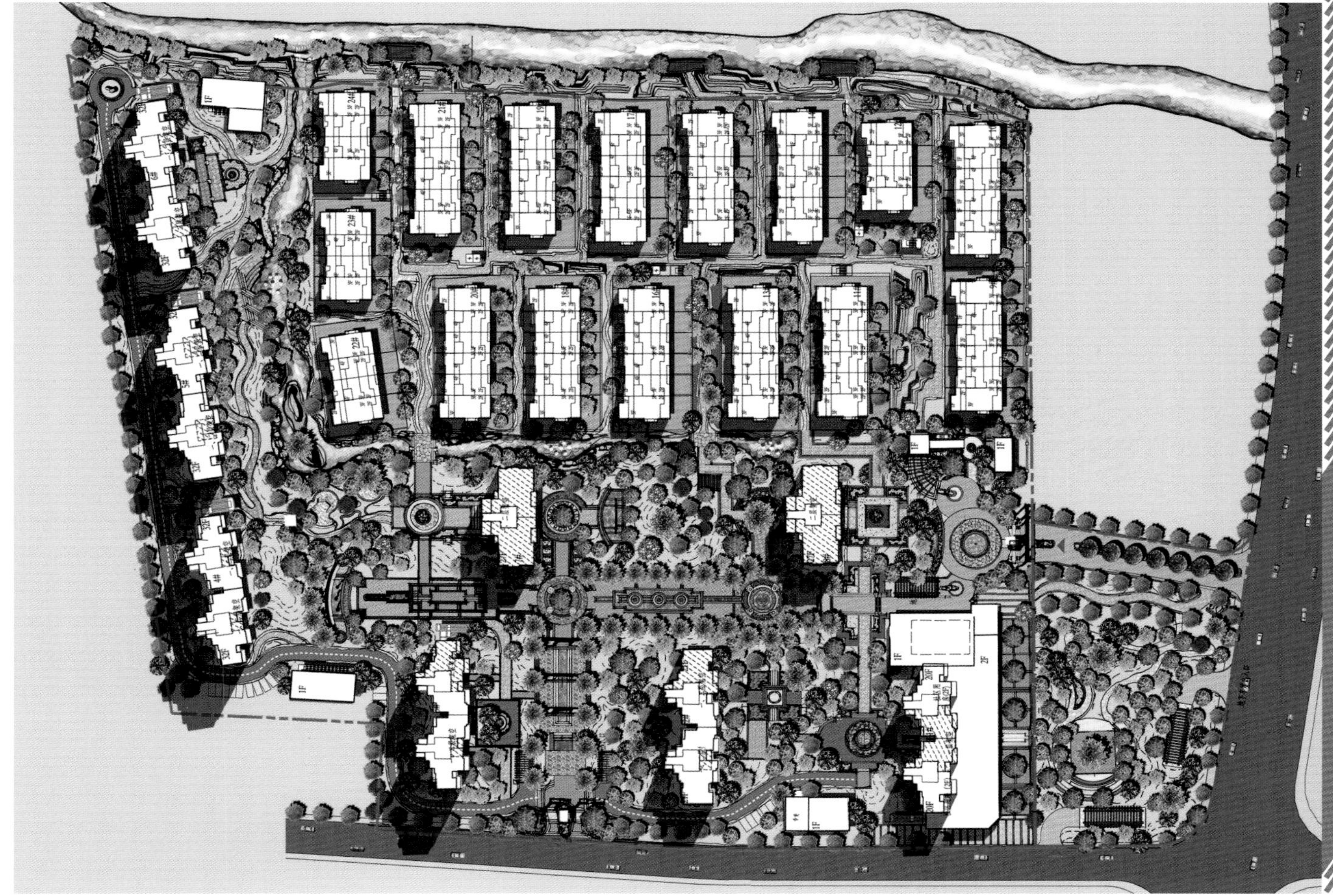

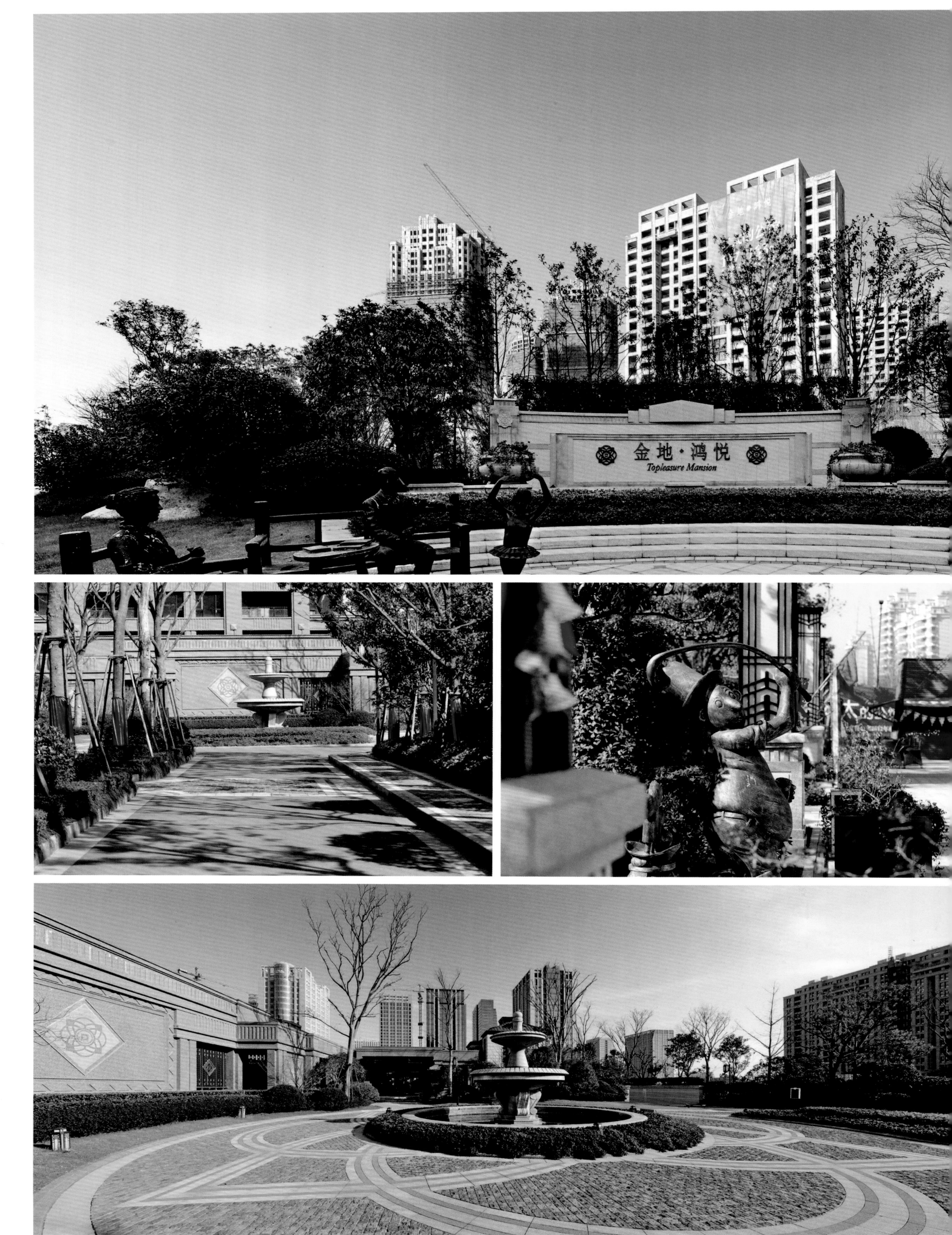
金地·鸿悦
Topleasure Mansion

现代化高级城市公寓

作为慈溪文化商务区的核心都市住宅群之一，项目在整体规划上，采用完全人车分流和独立组团流线设计，形成特有的“九进”式入户流线。在景观设计上，除项目正南向约6 200平方米的城市绿岛公园外，社区内部亦有2大欧式皇家中轴景观带和4个组团园林。

在户型设计上，450平方米～490平方米的联排别墅，拥有专属入口、双车位、约4.9米层高且超百平方米地下室、多露台、多功能活动空间等创新设计；多层和高层的户型面积为130～240平方米，全明方正空间设计，南北通透；户型外延空间设计，满足个性需求。

新古典风格结合艺术装饰

项目建筑以艺术装饰风格为基调，加以提炼、创新，在强调体积感挺拔沉着的基础上，注重时代感和创新性。

住宅立面采用新古典风格，一方面使人强烈地感受传统的历史痕迹与浑厚的文化底蕴，同时又摒弃了过于复杂的肌理和装饰，简化了线条，兼容华贵典雅与时尚现代。

建筑色彩以明快为基调，突出端庄、高雅的风范。在栏杆、门窗框等细部采用比较简洁的设计，采用一些现代的设计语汇，在经典建筑上增加现代时尚元素。

NOTES

首创“铝材+石材”立面

在详尽考察了美国建筑大师理查德·迈耶(Richard Meier)的一系列现代城市建筑作品，以及长三角地区经典城市豪宅项目，如上海汤臣一品、杭州金色海岸、杭州东方润园等，以国际建筑风格的立面组合，采用“铝材+石材”的立面设计。

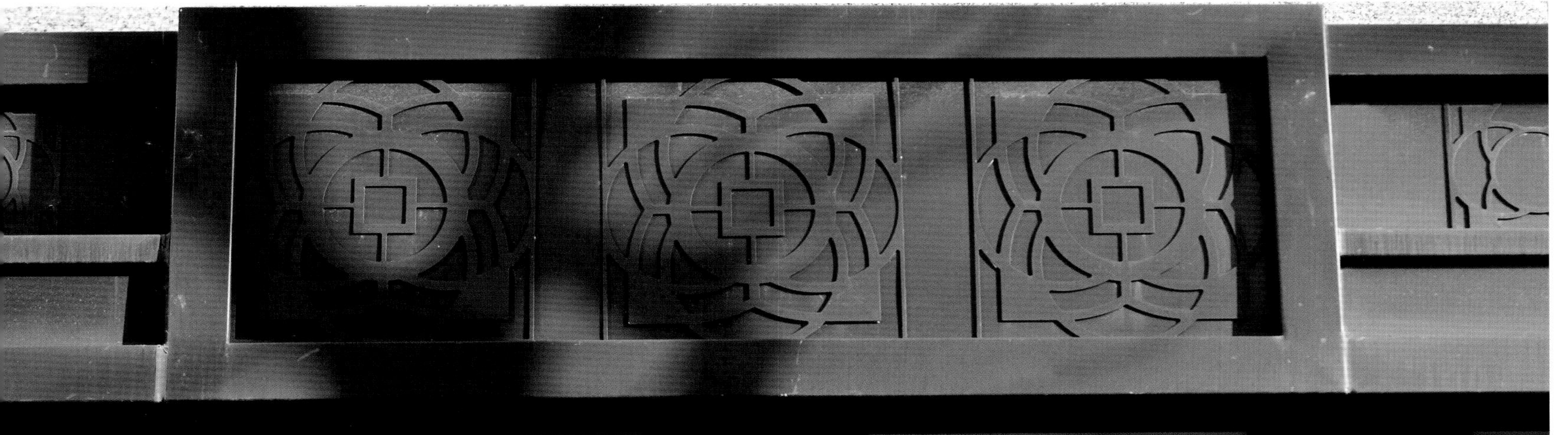

Art Deco 风格公园化社区

▶ 杭州保利东湾·高层

开发商>> 杭州保利房地产开发有限公司
设计单位>> 上海霍普建筑设计事务所有限公司
项目地点>> 浙江省杭州市
占地面积>> 290 000平方米
建筑面积>> 850 000平方米
采编>> 盛随兵

***风格创新：**项目高层对经典的Art Deco风格做了很多改良和创新，竖向线条与横向线条给人的印象都很强烈，像是在建筑上划出了许多方格子。外墙采用面砖、石材、透明玻璃、涂料等材料，外观设计大气，全部是暖色调，这样的色调能给人一种放松的心情，大大提高了外立面的美观与品质的体现。*

新古典+装饰艺术

地块总技术经济指标

序号	项目				数量	单位	备注
1	建设用地面积				232527	平方米	
2	总建筑面积				594042	平方米	
	其中	计容积率建筑面积			485362	平方米	
		其中	住宅建筑面积		480912	平方米	
			其中	高层建筑面积	437528	平方米	
				叠层建筑面积	43384	平方米	
			商业建筑面积		2400	平方米	其中[illegible]1936平方米
			物业管理建筑面积		1450	平方米	[illegible]
			公建配套建筑面积		600	平方米	
		不计容积率建筑面积			108680	平方米	
		其中	地下建筑面积		99712	平方米	
			其中	地下车库建筑面积	69753	平方米	
				高层地下室建筑面积	9703	平方米	
				叠层地下室建筑面积	20265	平方米	
			住宅架空层建筑面积		8959	平方米	
3	容积率				2.1		
4	建筑占地面积				35315	平方米	
5	建筑密度				15.2	%	
6	绿地面积				86165	平方米	
7	绿地率				37.1	%	
8	机动车位				2703	辆	[illegible]2673辆
	其中	地上			543	辆	
		地下			2260	辆	
9	总户数				3832	户	
10	车户比				0.73		
11	居住总人数				12263	人	按每户3.2人计算
12	自行车库面积				11496	平方米	
13	人防建筑面积				12793	平方米	

H地块技术经济指标

序号	项目				数量	单位	备注
1	建设用地面积				136925	平方米	
2	总建筑面积				300711	平方米	
	其中	计容积率建筑面积			248607	平方米	
		其中	住宅建筑面积		245457	平方米	
				高层建筑面积	202073	平方米	
				叠层建筑面积	43384	平方米	
			商业建筑面积		2400	平方米	其中[illegible]1936平方米
			物业管理建筑面积		550	平方米	[illegible]
			公建配套建筑面积		200	平方米	
		不计容积率建筑面积			52104	平方米	
		其中	地下建筑面积		48498	平方米	
				地下车库建筑面积	23228	平方米	
				高层地下室建筑面积	5005	平方米	
				叠层地下室建筑面积	20265	平方米	
			住宅架空层建筑面积		3606	平方米	
3	容积率				1.82		
4	建筑占地面积				26121	平方米	
5	建筑密度				19.1	%	
6	绿地面积				47924	平方米	
7	绿地率				35	平方米	
8	机动车位				1171	辆	
	其中	地上			428	辆	
		地下			743	辆	
9	总户数				1587	户	
10	车户比				0.74		
11	居住总人数				5079	人	按每户3.2人计算
12	自行车库面积				4761	平方米	
13	人防建筑面积				3584	平方米	

G地块技术经济指标

序号	项目				数量	单位	备注
1	建设用地面积				95602	平方米	
2	总建筑面积				293331	平方米	
	其中	计容积率建筑面积			236755	平方米	
		其中	住宅建筑面积		235455	平方米	
			物业管理建筑面积		900	平方米	住宅架空层内
			公建配套建筑面积		400	平方米	
		不计容积率建筑面积			56576	平方米	
		其中	地下建筑面积		51223	平方米	
			其中	地下车库建筑面积	46525	平方米	
				住宅地下室建筑面积	4698	平方米	
			住宅架空层建筑面积		5353	平方米	
3	容积率				2.48		
4	建筑占地面积				9194	平方米	
5	建筑密度				9.6	%	
6	绿地面积				38240	平方米	
7	绿地率				40	%	
8	机动车位				1632	辆	
	其中	地上			115	辆	
		地下			1417	辆	
9	[illegible]				[illegible]	[illegible]	

保利东湾

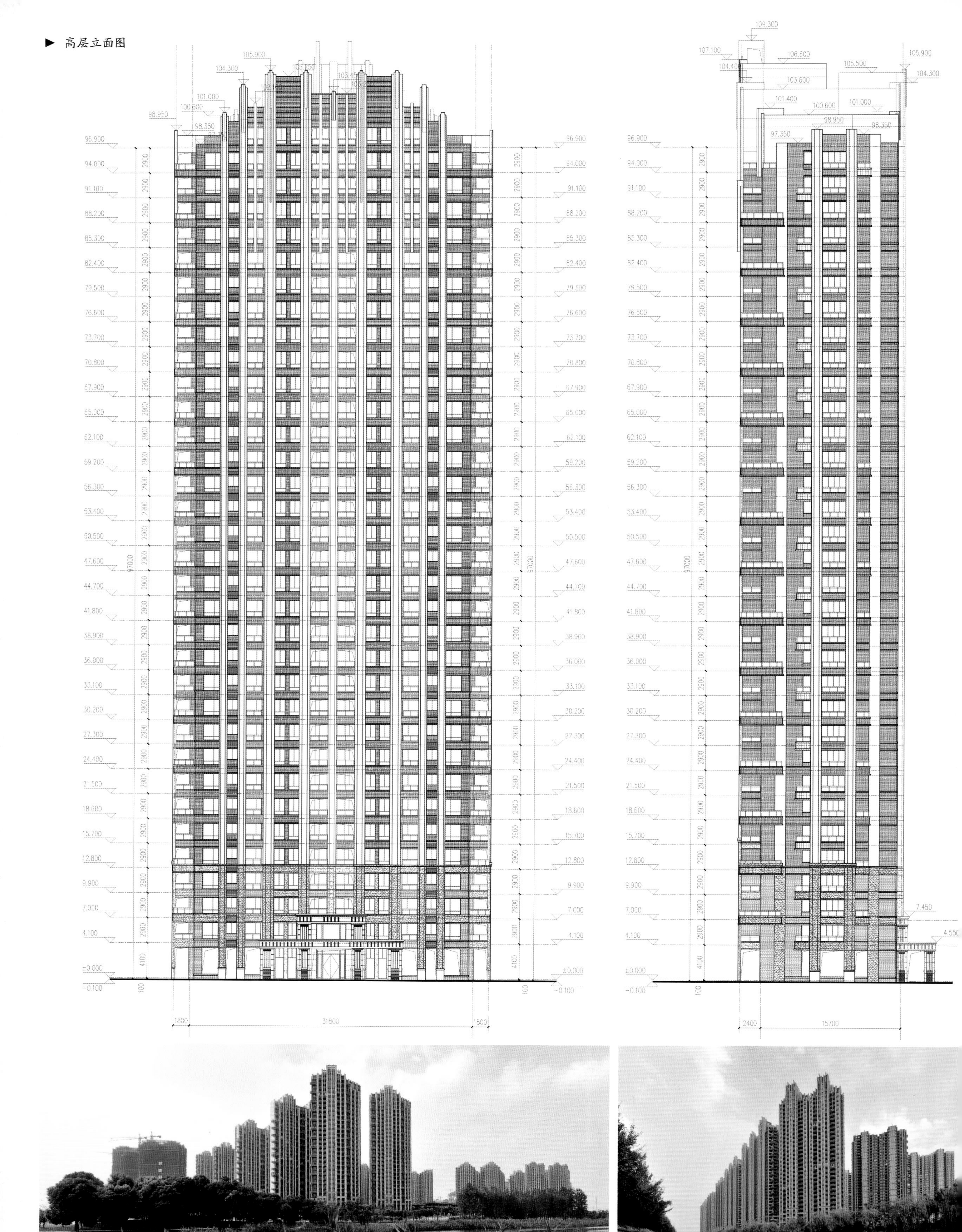

江景高尚社区

项目位于杭州下沙东南部钱塘江畔，是下沙区域建筑体量最大的城市商住区，住宅类型主要包括高层公寓、别墅。项目充分利用和发挥江景以及湿地景观的优势，尽量使每套住宅有更多的居室面向江景：首先将所有建筑呈扇形布局，确定朝江面展开的总体构架；其次让建筑群形成前低后高，前疏后密的空间形态，有效减少地块内建筑自身的前后遮挡；然后以板式高层与点式高层结合布局，尽量形成超大栋局，体现通透大气的规划格局。在住区内部环境营造方面注重滨水空间设计，创造公园化住区。

结构对称 装饰细腻

高区公寓采用经典的Art Deco建筑设计手法：对称简洁的几何构图，逐层递进的建筑轮廓，丰富细腻的线条装饰。建筑形体沿用欧洲经典三段式建筑结构：基座采用深褐色天然石材，凸显稳重、典雅之风；中部楼体墙面饰以浅褐色高级墙砖；顶端配以棕黄色外墙面，整体结构呈现出层层递进的节奏感和韵律感。整个建筑群拔地而起，高耸入云，代表了一种昂首向上的城市复兴精神。

保利地产体验馆
保利·东湾
湾大地
玫瑰湾

Art Deco风格艺术花园

▶ 杭州万科草庄

开发商>> 浙江万科南都房地产有限公司
规划/建筑>> AAI国际建筑师事务所
项目地点>> 杭州城东高铁发展区
占地面积>> 37 000平方米
建筑面积>> 116 000平方米
摄影>> 金雷
采编>> 盛随兵

***风格创新：**项目采用演变自19世纪，既传统又创新的Art Deco建筑风格，外立面结合日本进口且为万科定制的SKK真石漆，即美观大气又环保安全。Art Deco风格的围墙、挑高6米的豪华大堂、极具北美风格的精装电梯轿厢等设计，处处体现高端城市精装公寓的精致和细腻。*

总平面图

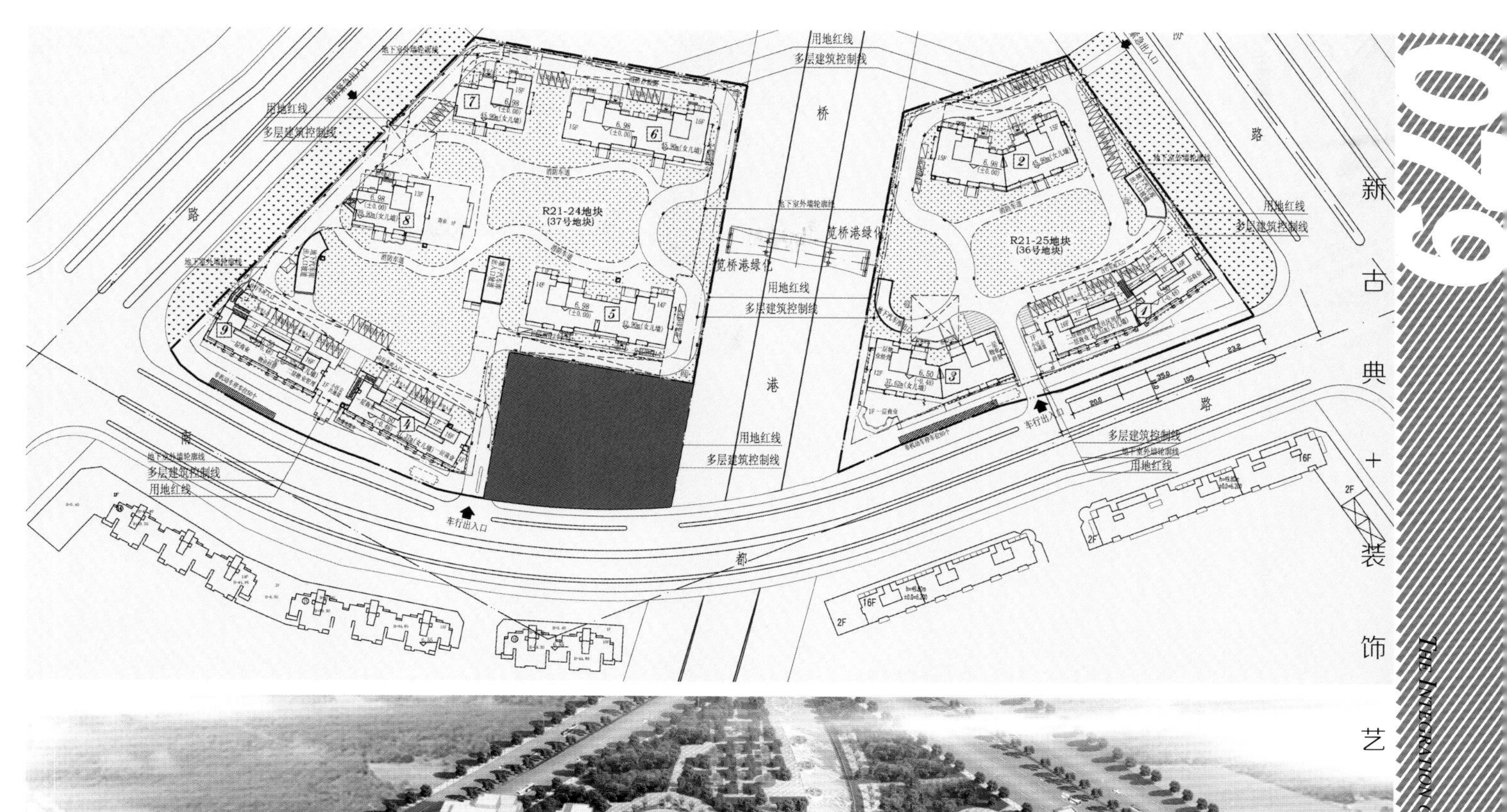

用地红线
多层建筑控制线
R21-24地块
(37号地块)
R21-25地块
(36号地块)
宽桥港绿化
桥
港
路
南
都
车行出入口
6F
2F
16F

公园式住区

项目位于主城区江干区机场路与同协路交叉路口，距武林广场和钱江新城仅7公里，位于25 000平方米的草庄公园内。设计方充分利用环境的优势，提出“公园住宅”的概念，将周边公共绿化空间与住宅用地呈现一体化设计，由此形成的9座Art Deco经典高层公寓楼，仿若自然生长于草庄公园与园区花园之间，间距开阔，通透怡然，堪称城东新城唯一的城市公园住区。

▼ 1#楼南立面图

▼ 1#楼东立面图　▼ 1#楼西立面图

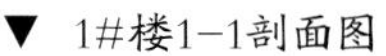

▼ 1#楼北立面图

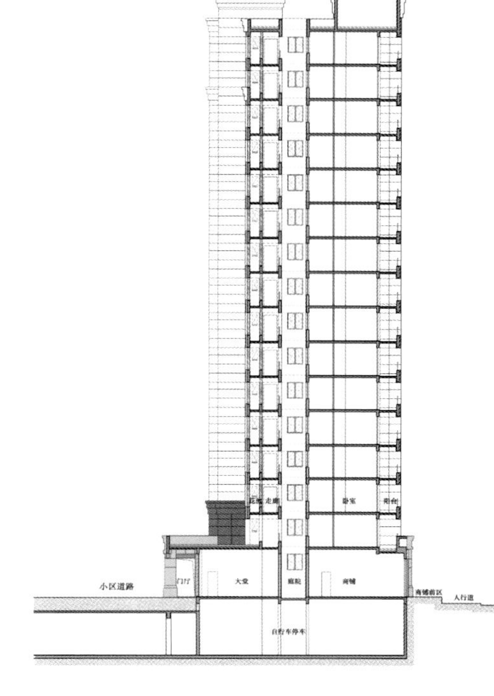

▼ 1#楼1-1剖面图

科技与艺术的创新结合

项目亦基于Art Deco装饰艺术的精粹，倾心雕琢的9座高层公寓。其外立面一楼全采用黄棕色石材幕墙，二层及以上部位墙面则使用日本SKK为万科量身定制的高级真石漆涂料，并结合了德国旭格门窗与屋面保温系统、外墙外保温系统等领先科技系统。更值得一提的是，在东区的南立面中，电动遮阳系统在建筑设计阶段便细心考虑，使其成为立面元素的一部分后却又“消失”在立面中，号称科技与艺术完美结合的经典之作。

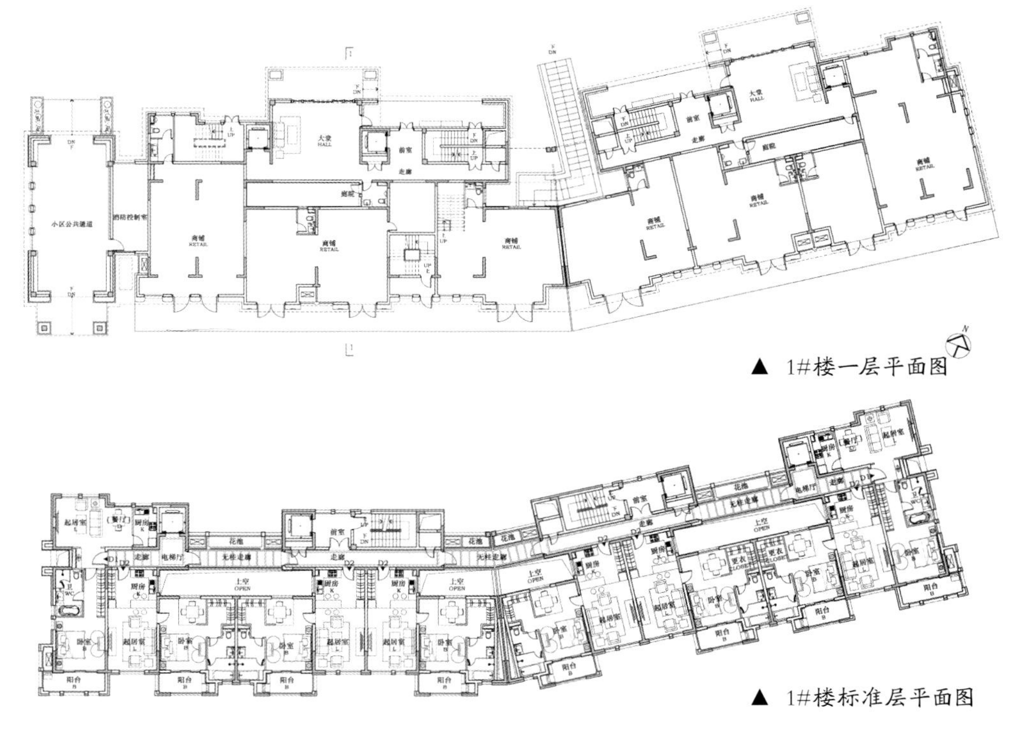

▲ 1#楼一层平面图

▲ 1#楼标准层平面图

景观设计

项目规划以景观桥将东西地块相连，同时形成礼仪性的轴线，并确保大多数户型拥有草庄公园和景观河流沿线的视野。社区内，高低错落的水钵跌水水景，优雅的下沉式开放性草坪，乔木下细节丰富的装饰凉亭，以及开阔的圆形中心广场等景观元素，营造出高贵典雅、浪漫精致的Art Deco风格新艺术邻里花园。

引入酒店式礼仪

从社区大门迎宾开始便注入了如酒店般的礼仪模式，凸现住区整体的氛围与特色。小区入口的下客方式具有酒店的礼仪性，当车子驶入地下车库之后，地下室的门厅设计可让住户直接返回温暖的家中。

大楼的门厅是一个南北通透的250平方米大空间，备有信报间和化妆间。在近人尺度上，建筑师对门把手的形式及位置，灯具的规格和位置，信报箱，台阶坡道等等都作了细节的安排。在节奏、比例、形体上坚持保持一定水准的和谐，把酒店式的独特居住体验落到实处。物业方进一步配合以暖足机、入户挂钩、直饮水、电梯宠物提示灯、户内门消音门锁、玄关感应照明等贴心安排，将住宅人性化体验推向到新的境界。

多面貌的户型选择

在东区的户型设计中，除了200平方米～230平方米的平层豪宅，另有88平方米1.5房的潮流雅居，其拥有独立的更衣室和一体化的餐厅、客厅，成为商务人士的首选。西区的户型则注重小家庭的生活机能，90～130平方米的三房，不仅有飘窗、超大采光，还有高得房率、大开间、类双套房等独到设计，借以成就其高性能、高性价比住区的名声。

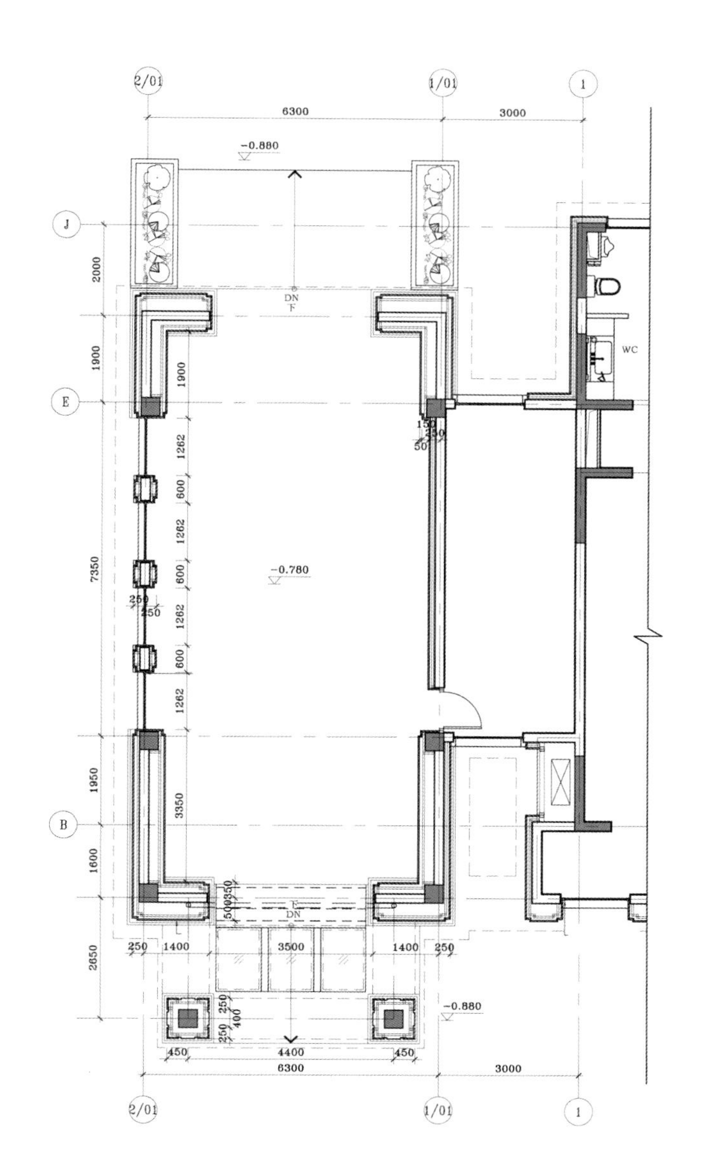

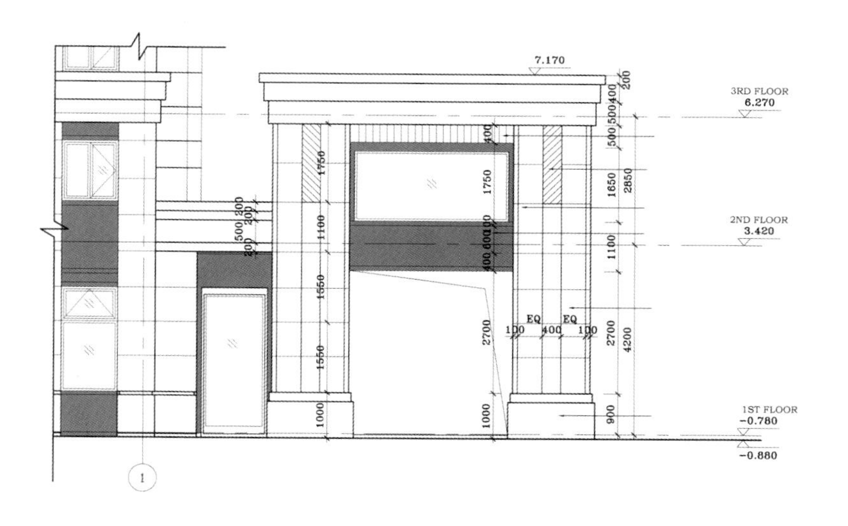

▲ 北立面放大

▲ 南立面放大

▲ 1#楼公共通道一层平面放大

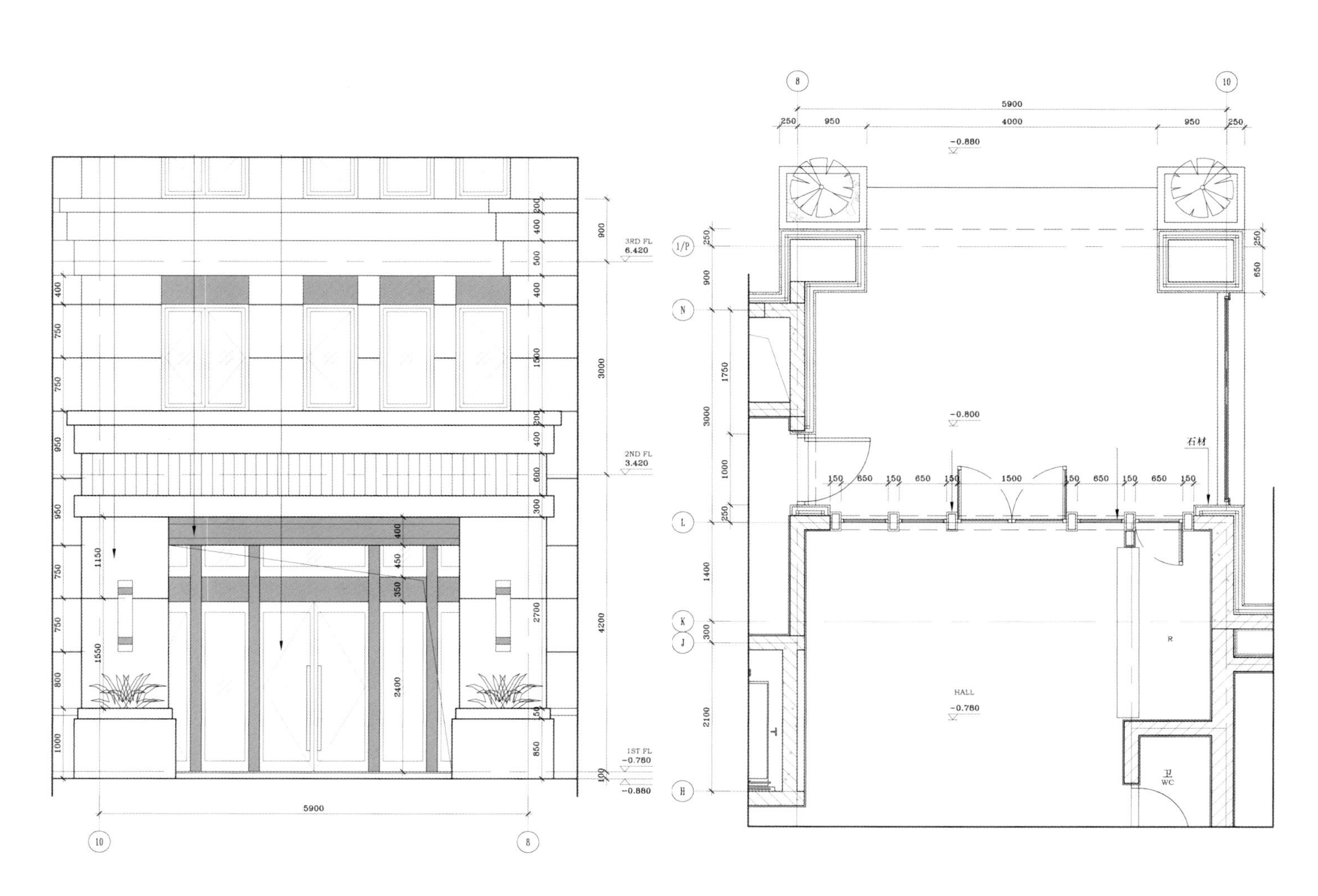

▲ 3#楼立面局部放大

▲ 3#楼一层平面放大

海派+古典不仅承袭海派传统风尚韵律，并兼收上海的西洋古典风格，很好地将西方住宅文化与本地居住理念融合在建筑设计中，体现了中西建筑文化碰撞、交融的过程。

海派+古典建筑注重形式美感，却不过度装饰。造型上，并不一味沿用传统和西方的风格，而是吸收现代和古典的设计要素，采用简洁流畅、挺拔向上的线条，凸显建筑本身的稳重和高贵。经典三段式立面，线脚将立面划分为几段，把不同材料、不同色彩、不同门窗组合的墙面分隔，构成一个既有变化又和谐统一的整体。在细节上恪守海派精工华丽精致的营造原则，将历久弥新的红色砖墙以及西方古典建筑上的浮雕图案等元素细节做到极致，凸显新海派生活的高贵与典雅。

关键词：庄重典雅 老上海韵味

三段式造型 海派文化

第7届金盘奖
年度最佳公寓
2012

▶ 上海紫竹森林半岛一期

开 发 商>> 上海紫竹半岛地产有限公司
建筑设计>> 日兴设计 · 上海兴田建筑工程设计事务所
项目地点>> 上海市闵行区
建筑面积>> 136 950平方米
采编>> 盛随兵

风格融合：项目住宅突出表现优美典雅的建筑风格与人性化尺度。高层和多层的风格相互协调，同时立面形式在细部上汲取了经典建筑元素的优点，使建筑群体在整体简洁明快的基础上，体现出时尚典雅的高品质特点。

▶ 总平面图

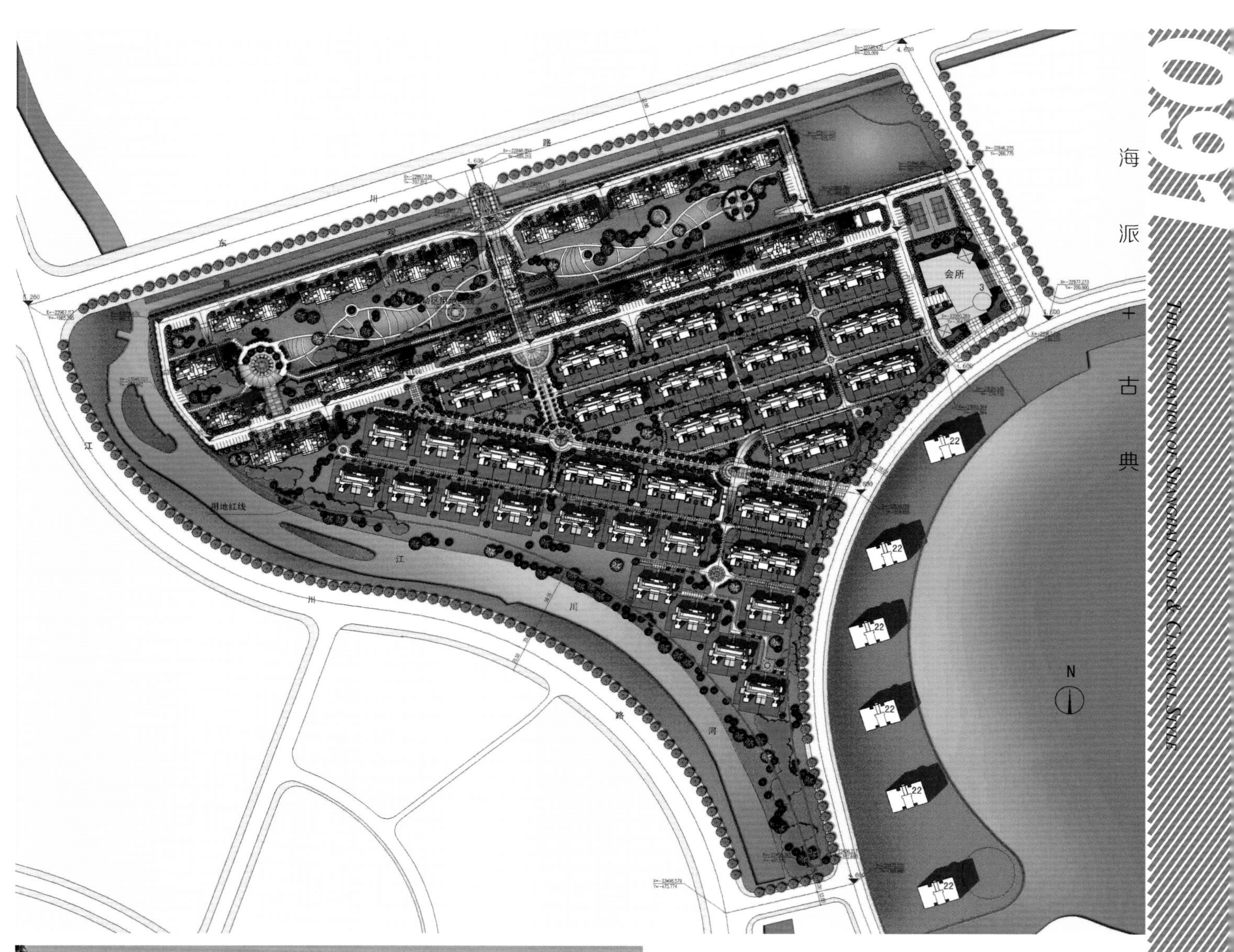

新型科学园区

上海紫竹科学园区是集科研、人才、资本、产业等优势，运用市场化运作方式设立的新型科学园区。园区由大学园区、研发基地和紫竹森林半岛三部分组成。

紫竹森林半岛将规划建设具有各国风情的高级别墅区，具有法国南部小镇风格的商业配套区，滴水湖，超五星会议酒店以及水上巴士码头等，通过高密度的绿化、生态化的建设，为进驻园区的企业和科研、管理人员提供一个舒适的休闲、居住环境。本项目为紫竹森林半岛一期，规划有高层公寓、多层复式公寓和湖滨高层公寓等产品类型。

Art Deco风格融合海派建筑元素

项目采取Art Deco风格，整体运用欧洲古典三段式造型，立面强调竖直线条，并灵活运用重复、对称、渐变等美学法则，使几何造型富有装饰性，充满诗意。

高层住宅将结构柱外露，在立面上形成鲜明的竖向构图，在柱头部分形成精彩的处理和装饰细部，传承了海派文化的特点。

立面材质为微微泛黄的干挂石材和仿石涂料。线脚将立面划分为几段，把不同材料、不同色彩、不同门窗组合的墙面分隔，同时构成一个既有变化又和谐统一的整体，精致优雅。

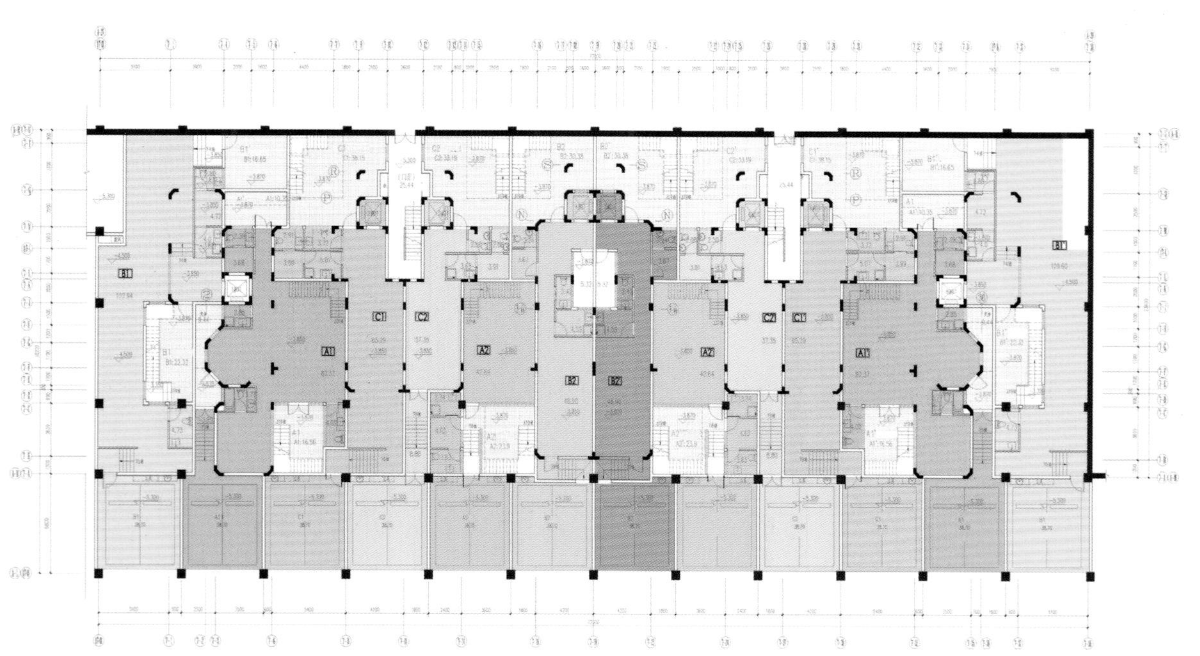

◀ 地下室平面

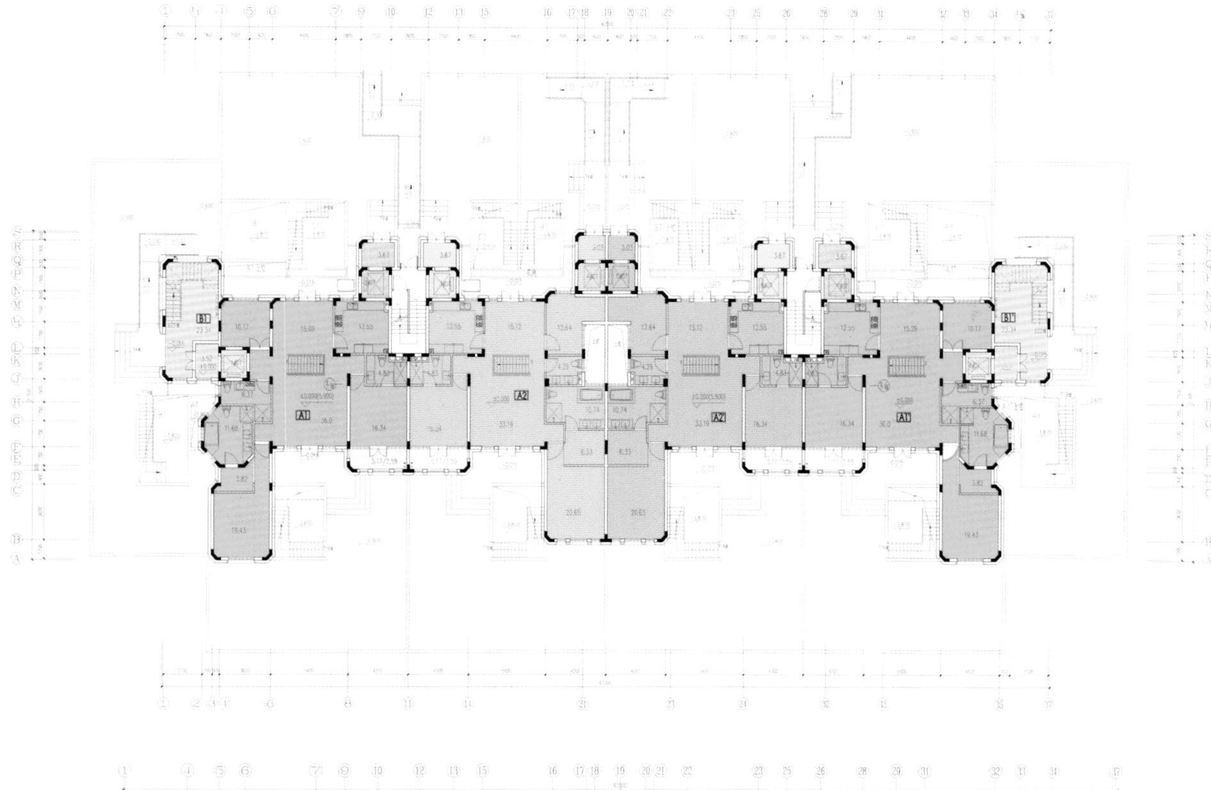

◀ 一层平面

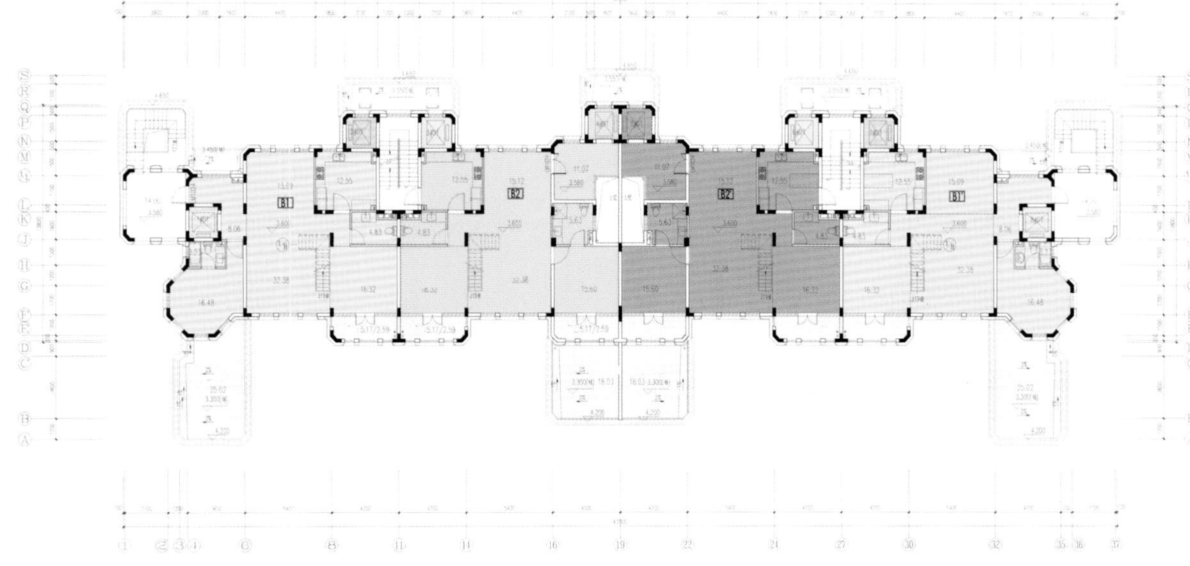

◀ 二层平面

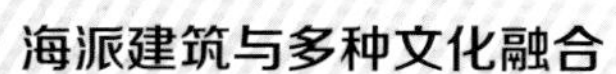

NOTES

海派建筑与多种文化融合

海派建筑，最容易想起上海的石库门，但不只局限于此，因为除石库门住宅外，还有公寓、花园洋房、别墅。在这些林林总总样式的住宅建筑中，有的反映纯民族的建筑文化，有的反映中西文化有机结合，有的是侧重反映西方文化，这些都涂抹上城市历史沿革的印记，而上海住宅的多样性，正是海派建筑所具有的最鲜明的特色，这个特色就是既讲建筑质量，又注入了多种文化。

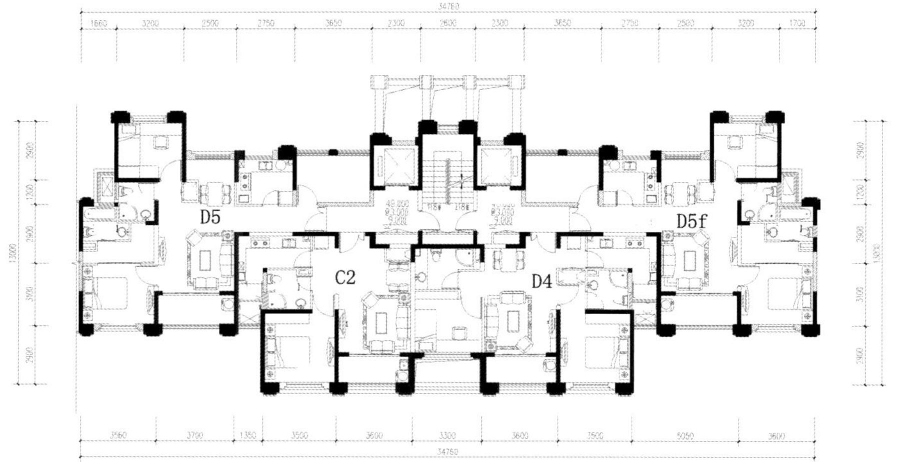

▲ 高层标准层平面

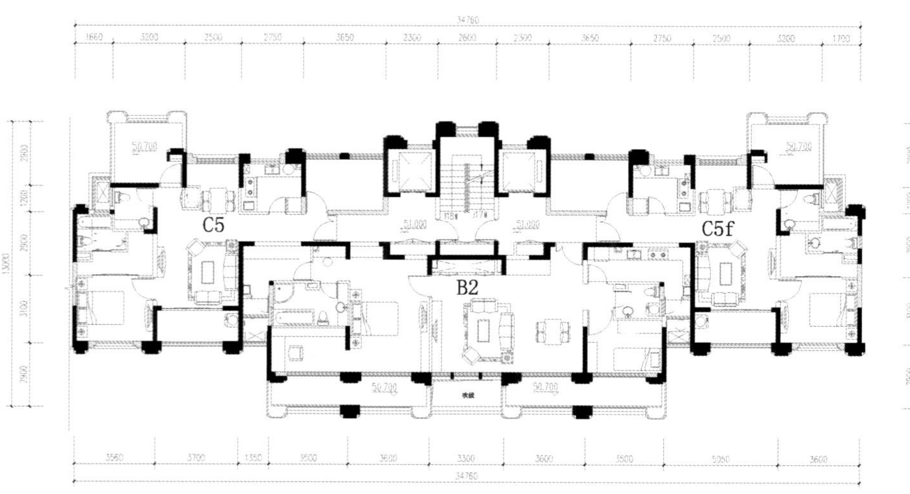

▲ 高层顶层平面

“别墅化”多层住宅

多层住宅采用的设计策略是将多层建筑“别墅化”，每个五层的住宅单元由六户组成，每户都有拥有独立的地上、地下庭院、地下室及独立地下车库，并且每户拥有各自的地上、地下独立入口。

▼ 户型交通示意

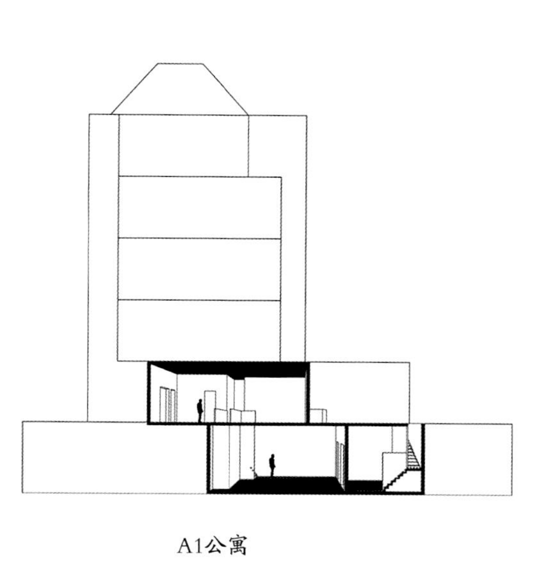
A1公寓

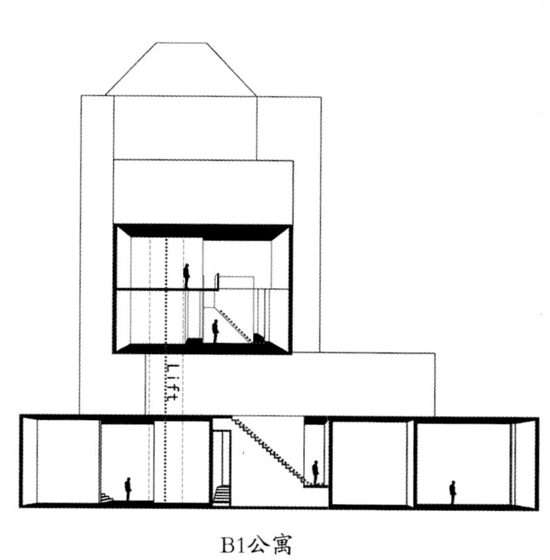

B1公寓

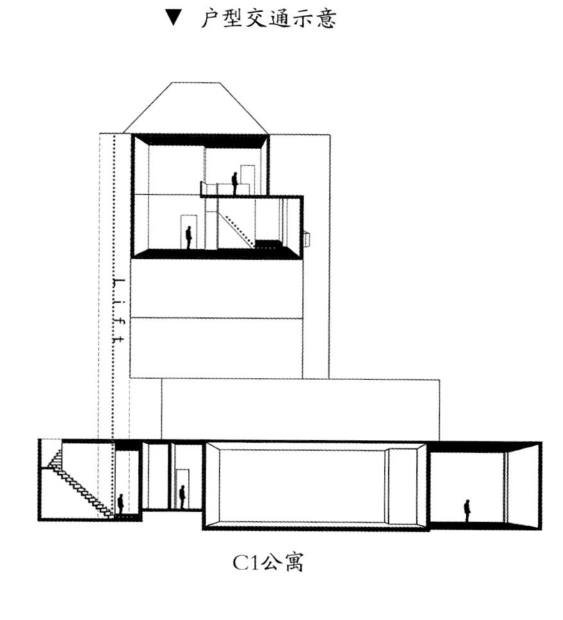

C1公寓

▼ 户型组合分析

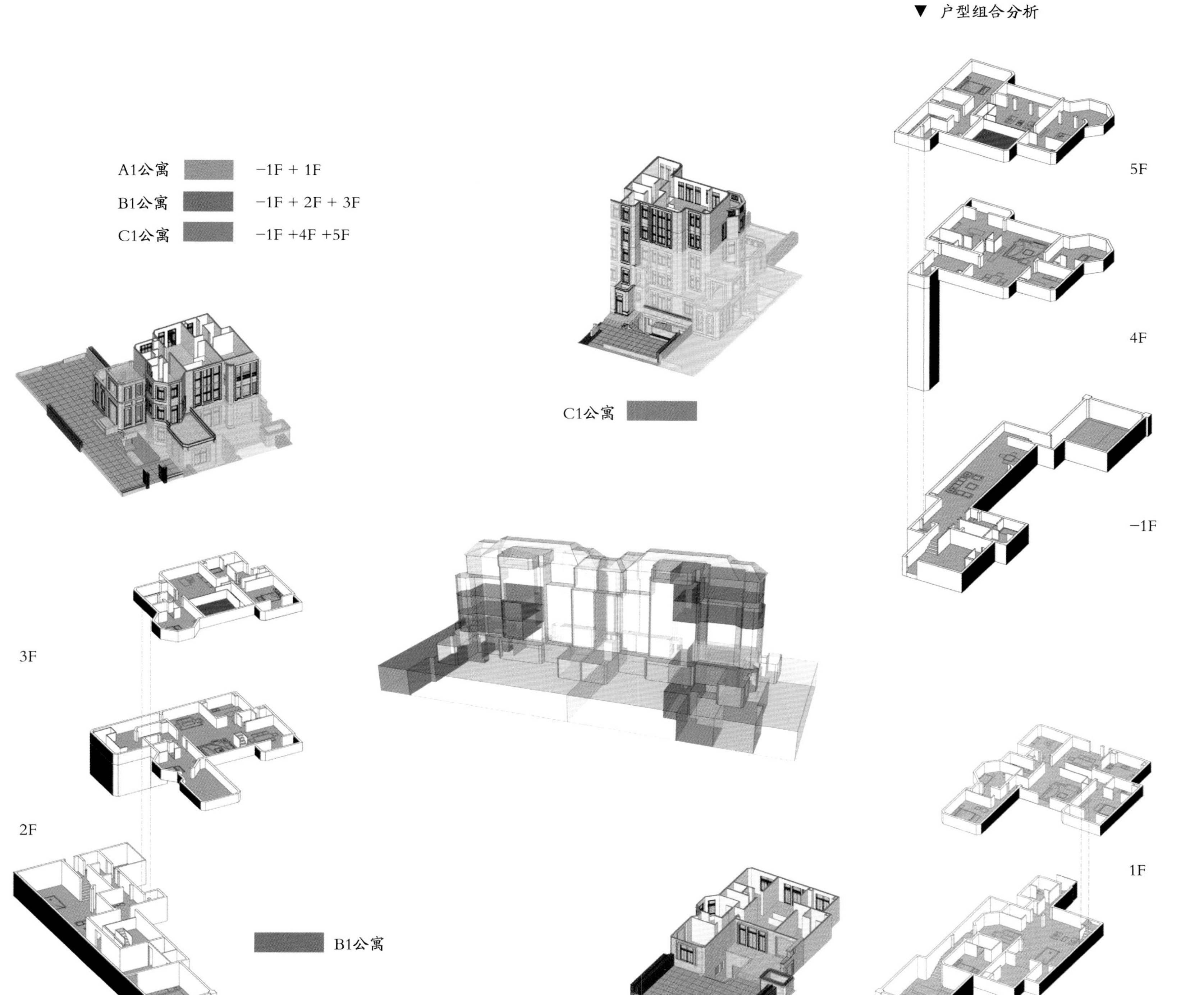

紫竹国际社区

老上海风情

▶ 上海永泰西郊别墅庄园

设计单位>> 上海华东发展城建设计（集团）有限公司
主创设计>> 刘云、张约翰
项目地点>> 上海市清溪路与龙溪路交叉口
占地面积>> 15 000平方米
建筑面积>> 3 000平方米
供稿>> 上海华东发展城建设计（集团）有限公司
采编>> 盛随兵

风格融合：项目设计以老上海石库门为原型，杂糅了20世纪初流行于上海的西洋古典风格，整体对称的建筑格局与高耸坡屋顶设计显得厚重典雅。在细节上恪守海派精工华丽精致的营造原则，将历久弥新的红色砖墙以及西方古典建筑上的浮雕图案等元素细节做到极致，保证生活格调与新海派气质的完美契合。

项目概况

项目原为一废弃的别墅区，建筑单体土建施工已于2004年完成，但室内及总体景观配套均无，且原建筑单体风格为落伍的乡村风格。

以设计景观、建筑、室内整体性为出发点考虑该园区的提升和改造，试图打造一个有老上海格调的新派生活休闲家园，并以家庭别墅化的外在，来容纳庄园化的私家办公会所园区。

互动交融空间

建筑内部空间除了满足客户自身的品味和喜好外，设计重点强调了景观空间与室内空间的交融互动，每一棵树，每一片草坪，都与建筑单体室内空间发生着某种必然的联系。

现代景观

项目在选择造新如旧的建筑风格的同时，强调了景观环境的现代性。整个园区的景观构图以标准的矩形展开，不论是镜面水池、台地草坪、各色步道，抑或是房前院后的木质平台，都流露出一股现代性，颇具时尚气质。

► 总平面图

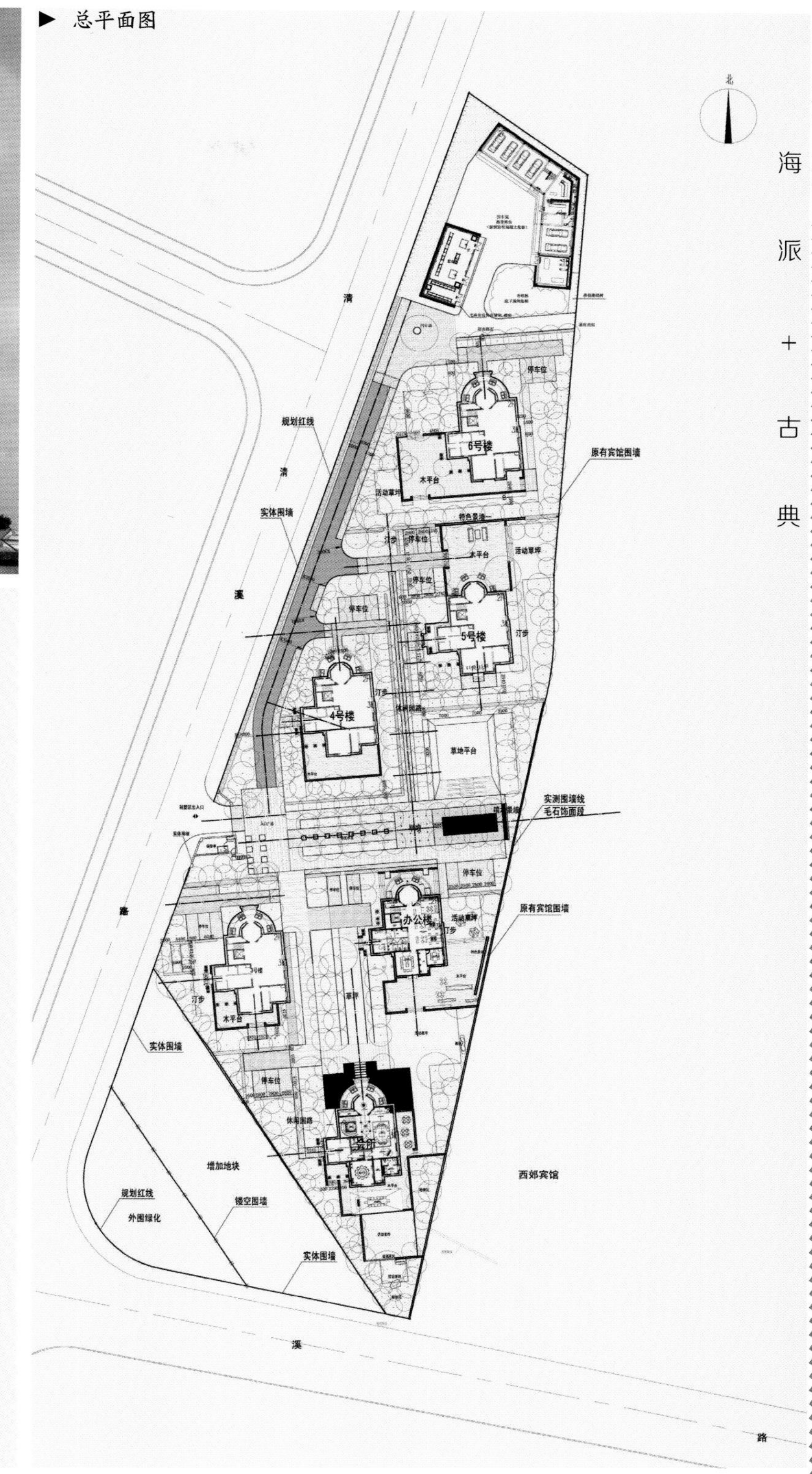

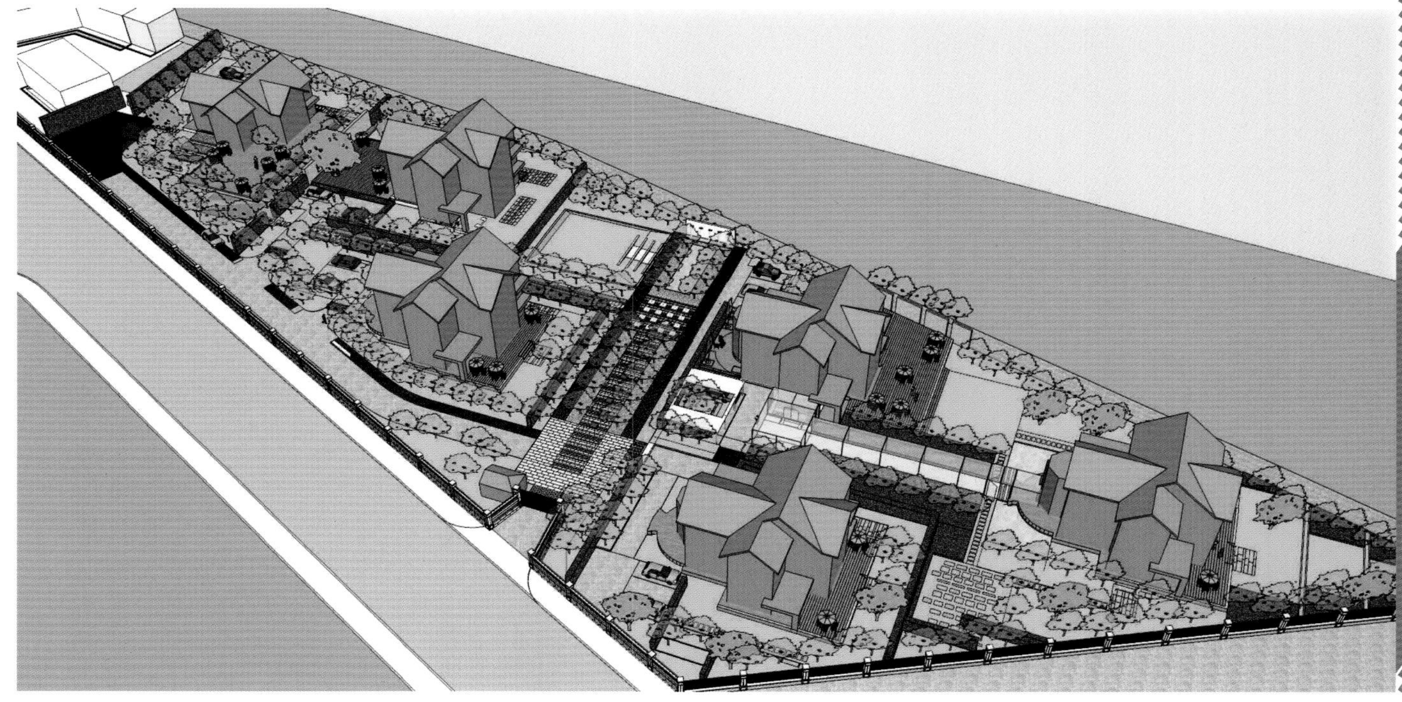

▶ 立面图

海派古典风格

项目定位为海派风情的古典风格，在造型风格设计上，并不一味沿用传统和西方的风格，而是吸收现代和古典的设计要素，采用简洁流畅、挺拔向上的线条，化繁为简，干净利落，凸显建筑本身的稳重和高贵。在西郊宾馆的深绿色背景下，显得尤为惹眼。

整个园区以西郊宾馆为大的环境背景，在上海西郊别墅区显得独树一帜，并通过红色的主墙，表现出很强的标识性。而另一个层面，茂密且注重层次的绿化植栽安排，又让园区在内向中达成了自身的私密属性。可以用一个“双面苏绣”来形容这个园区的个性，一面是历史，一面是现代，恰似一个历史和现代的双面绣。

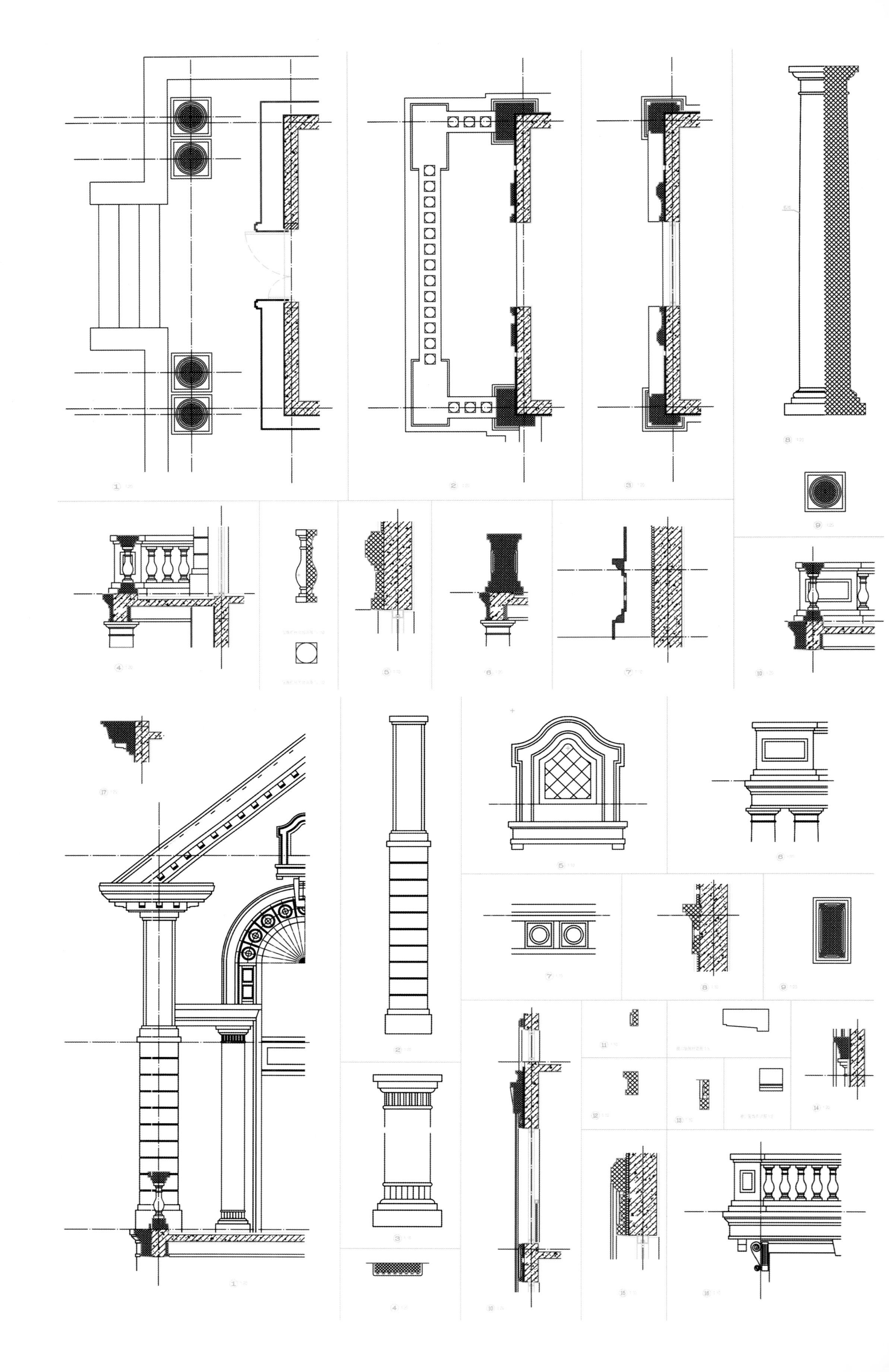

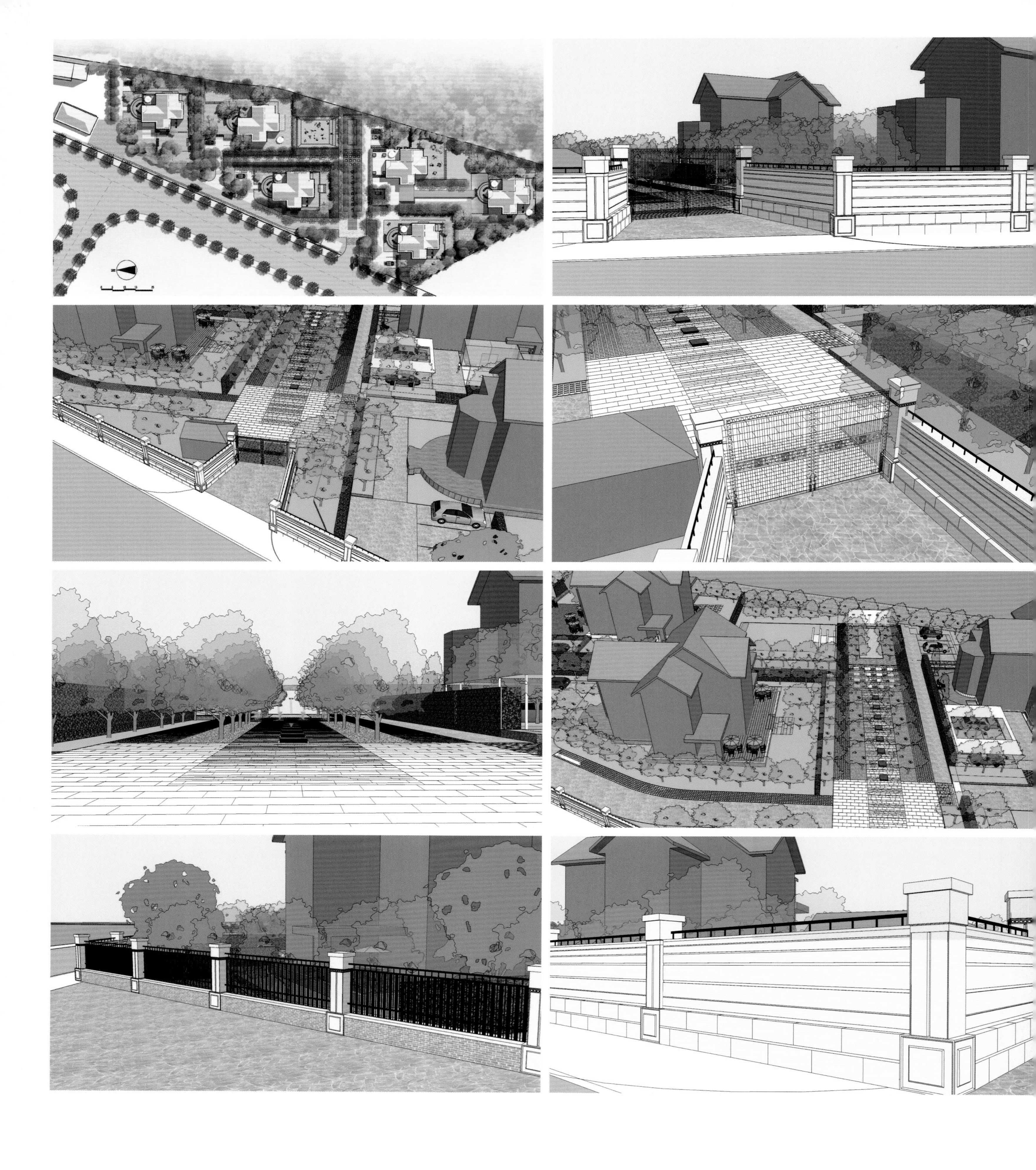

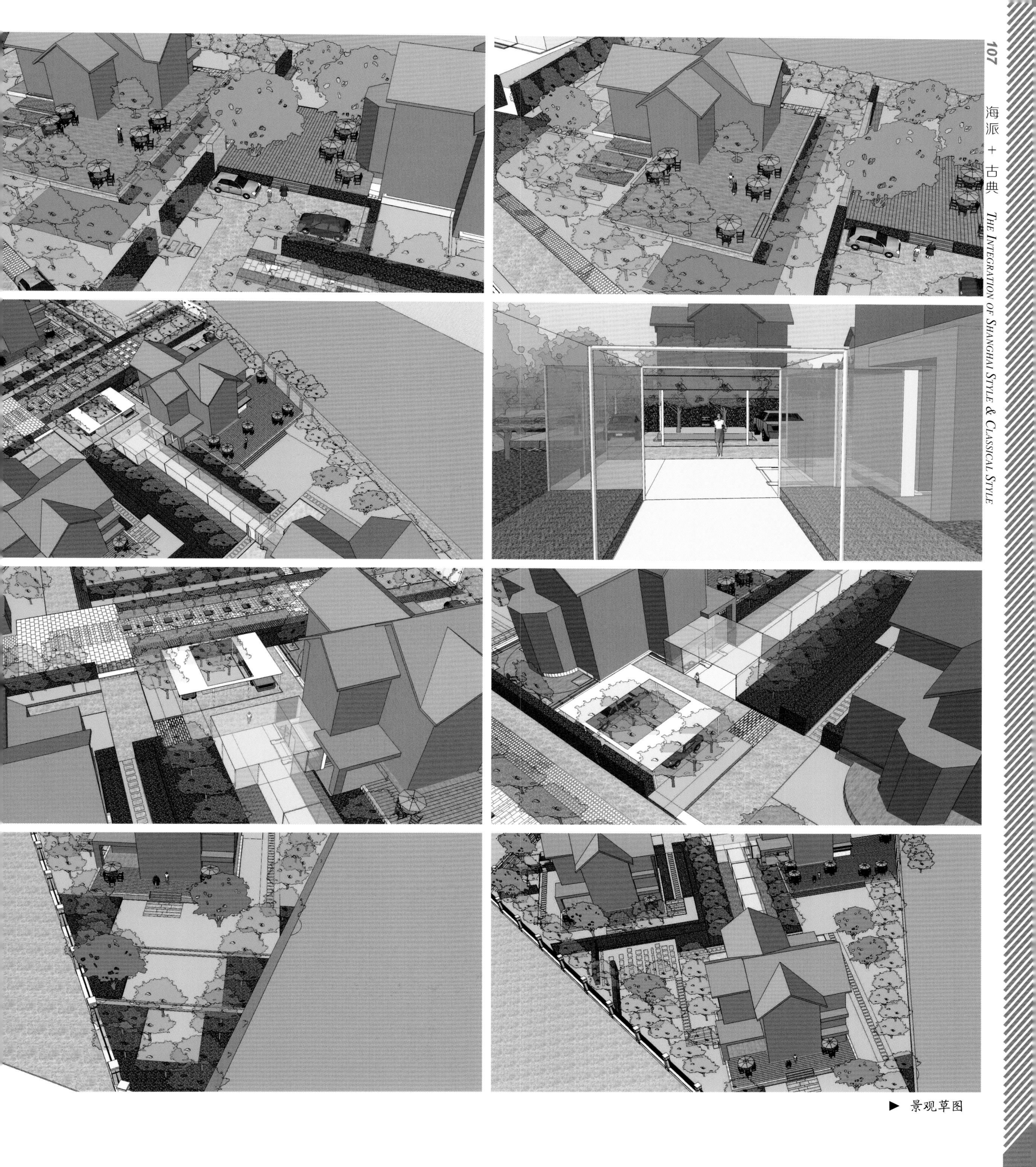

▶ 景观草图

三段式立面
老上海元素

▶ 上海绿地公园壹品

开发商>> 绿地集团
建筑设计>> 上海联创建筑设计有限公司
景观设计>> 上海联创建筑设计有限公司
项目地点>> 上海市宝山区
占地面积>> 87 084.8平方米
采编>> 盛随兵

***风格融合：**项目住宅建筑设计统一采用Art Deco风格，别墅建筑则撷取老上海精华，元素细节赋予古老贵族气质。别墅设计小范围内组团对称，高大的装饰符号前后呼应，视觉错落有致。*

▶ 总平面图

▲ 产品分布图

城市规划道路
主入口
小区一级道路
小区二级道路
小区宅前辅道
地下车库出入口

▲ 交通分析图

绿化
沿河绿化
集中绿化
内部水系

▲ 绿化分析图

绿化景观节点
河滨景观轴线
绿化视线
河滨视线
河滨景渗透

▲ 景观分析图

现代都市生态精品社区

项目定位为现代都市生态精品社区，平面布局采用"一心、一岛、四组团"的组织架构，整体形成城市水体景观由低到高的完美递进。社区由多层电梯房、小高层、高层、叠加别墅、联体别墅多种建筑形态组成，栋距间隔大，私密性强，且房型选择丰富。

人性化亲水景观

景观设计以贯穿南北的景观大道为核心，连接3个住区。各住区中心布置大型公众的景观，如各种运动场地、中心公园等，同时在各组团区域进一步创建不同尺度的小环境，景观强调独特性，以生态水系围合理念创造人性化的亲水景观。

老上海Art Deco风格

项目设计以"沟通传统与未来、营造现代化建筑经典"的理念为依托，整个住宅区域统一采用Art Deco的建筑风格，其外观庄重大气，线条精雕细啄，给人一种低调的奢华。别墅建筑撷取老上海精华，元素细节赋予古老贵族气质。经典三段式建筑风格、独特天际线、装饰性烟囱、塑像感石材，配合林荫斑驳的道路，彰显刚柔并济的古典气质。

不同的组团结合地块特点设计成不同的建筑形象，进一步强调组团的个性以及归属感。各区的建筑立面新颖，具有可识别性。活跃而雅致的体块造型，给人耳目一新的感觉，丰富了社区气氛。

NOTES

Art Deco 风格与中国传统元素

Art Deco表现内容颇具灵活性，Art Deco风格的装饰内容可以根据不同需要灵活变换，从而为不同的对象和目的服务。虽然Art Deco是从欧美输入的建筑风格，但传入中国不久便吸收了中国传统建筑元素，在小木作装修、局部装饰、简化元素等方面加以运用，逐渐形成中西合璧的独特风格。

P出入口

▶ 北立面

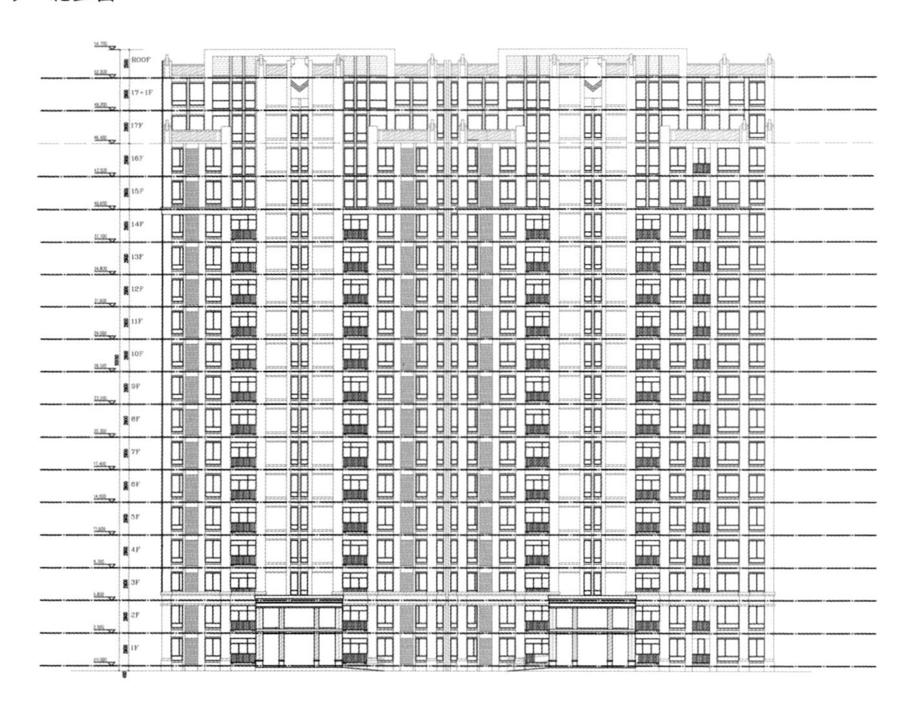

▶ 剖面

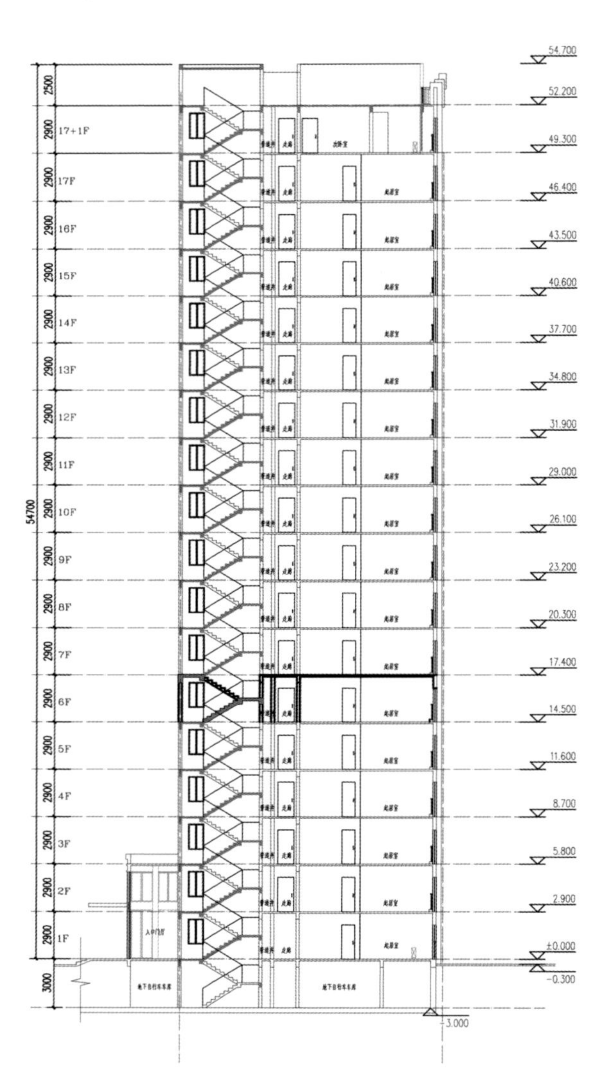

▶ 南立面

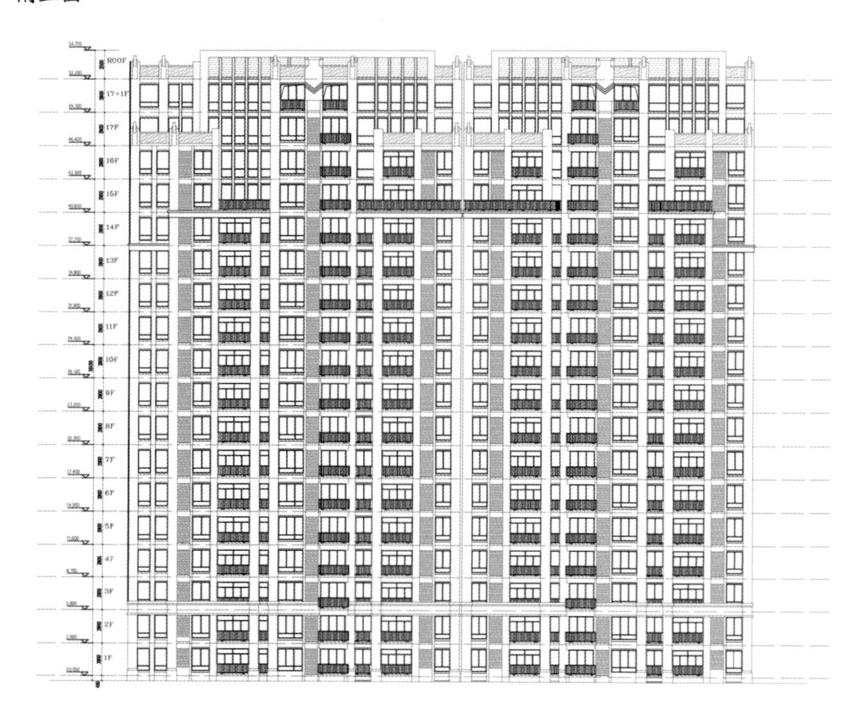

▶ 一层平面图

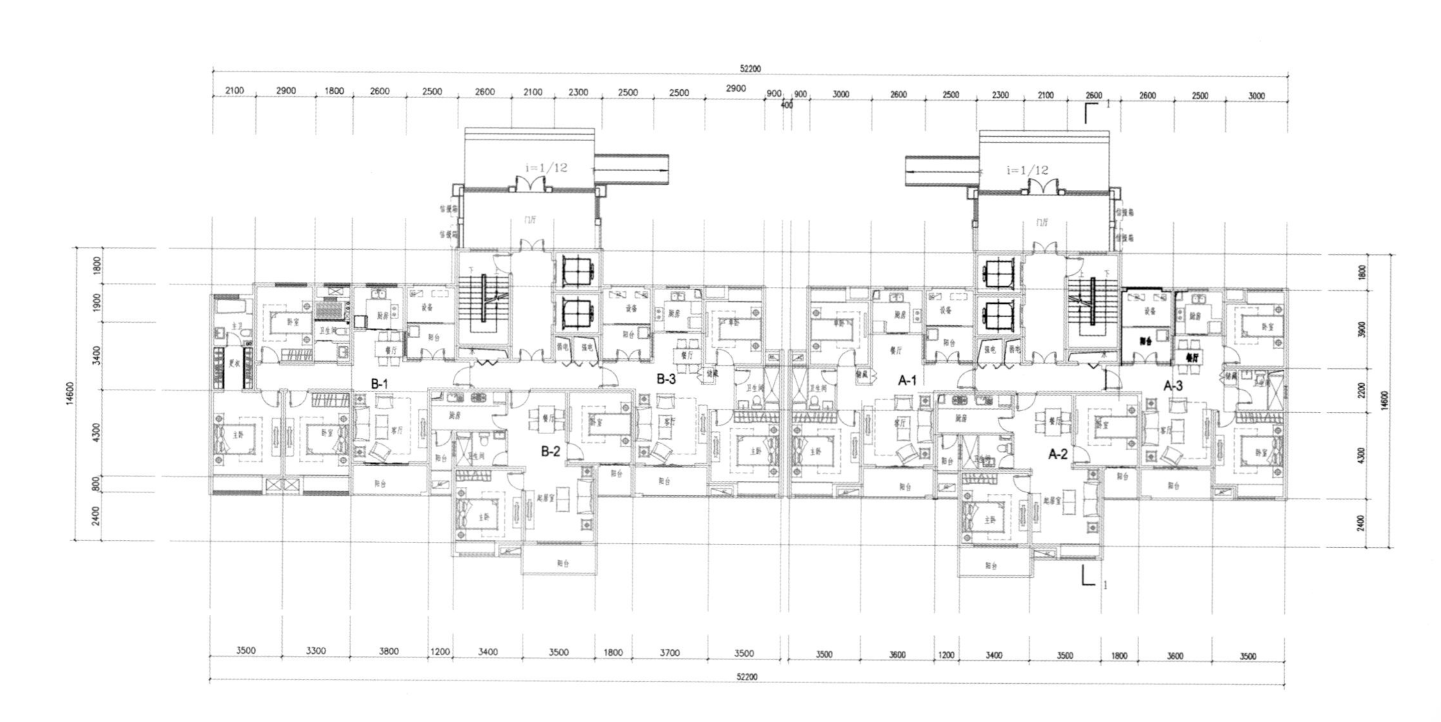

▶ 标准层平面图

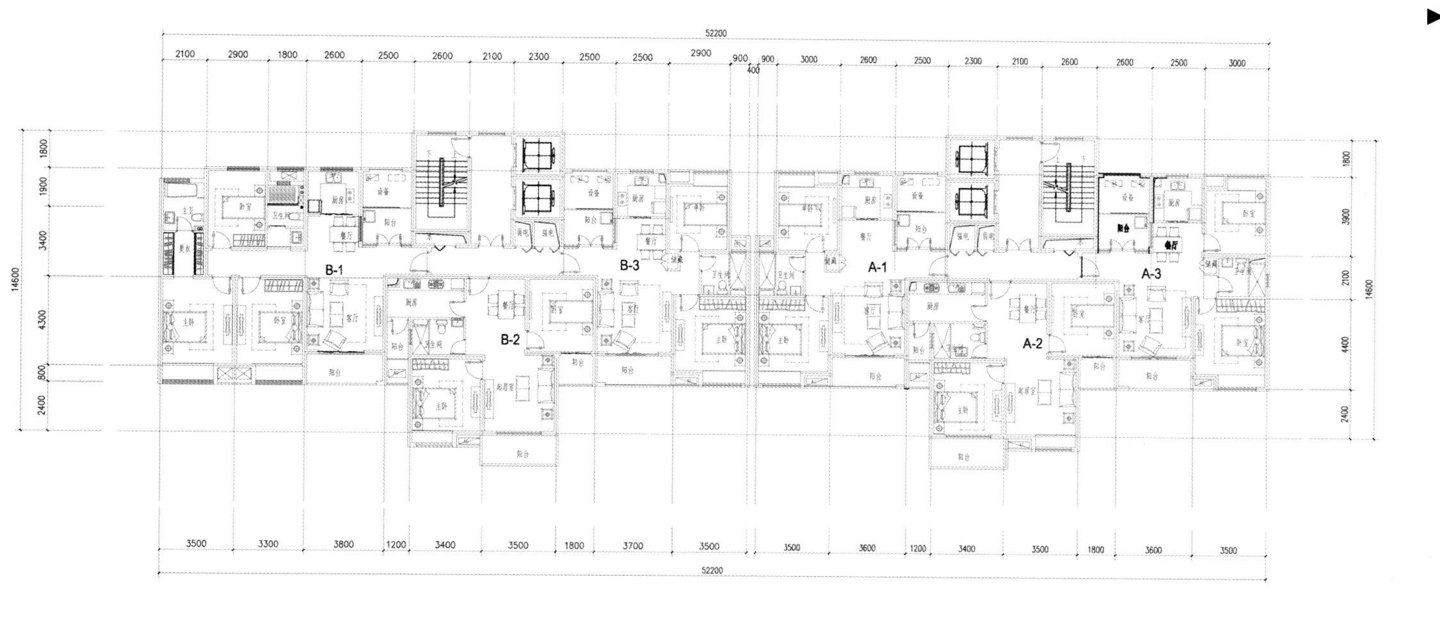

▶ 17层平面图

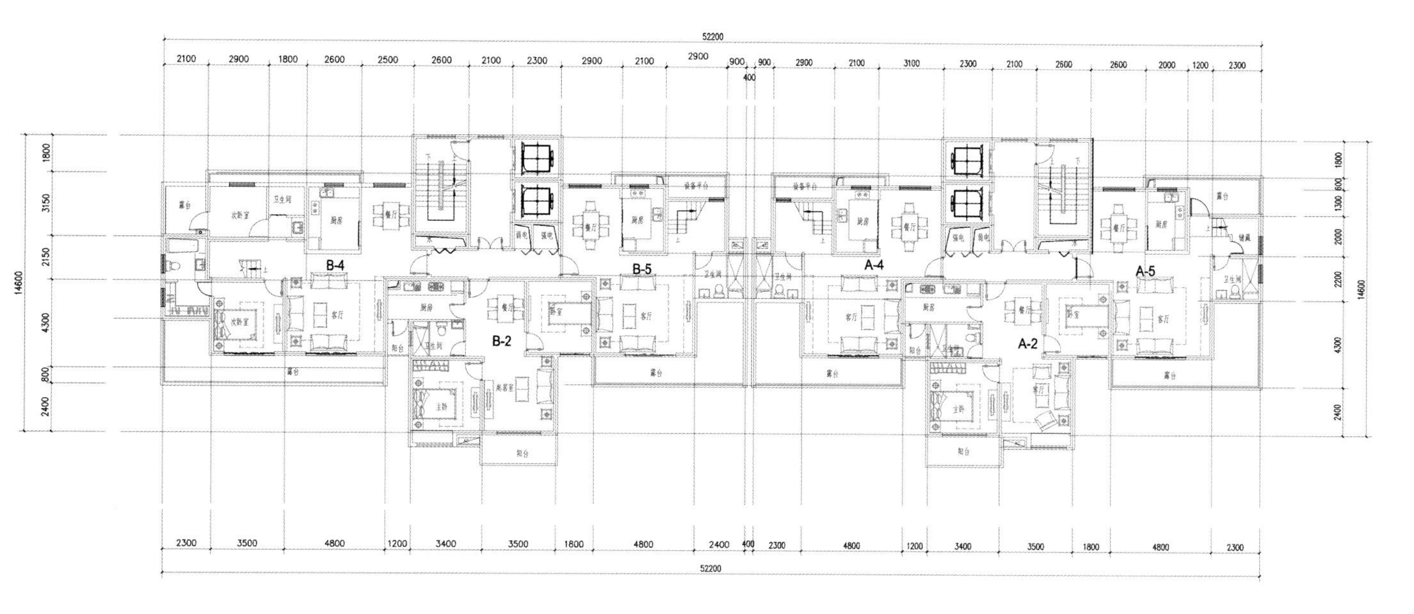

▶ 跃层平面图

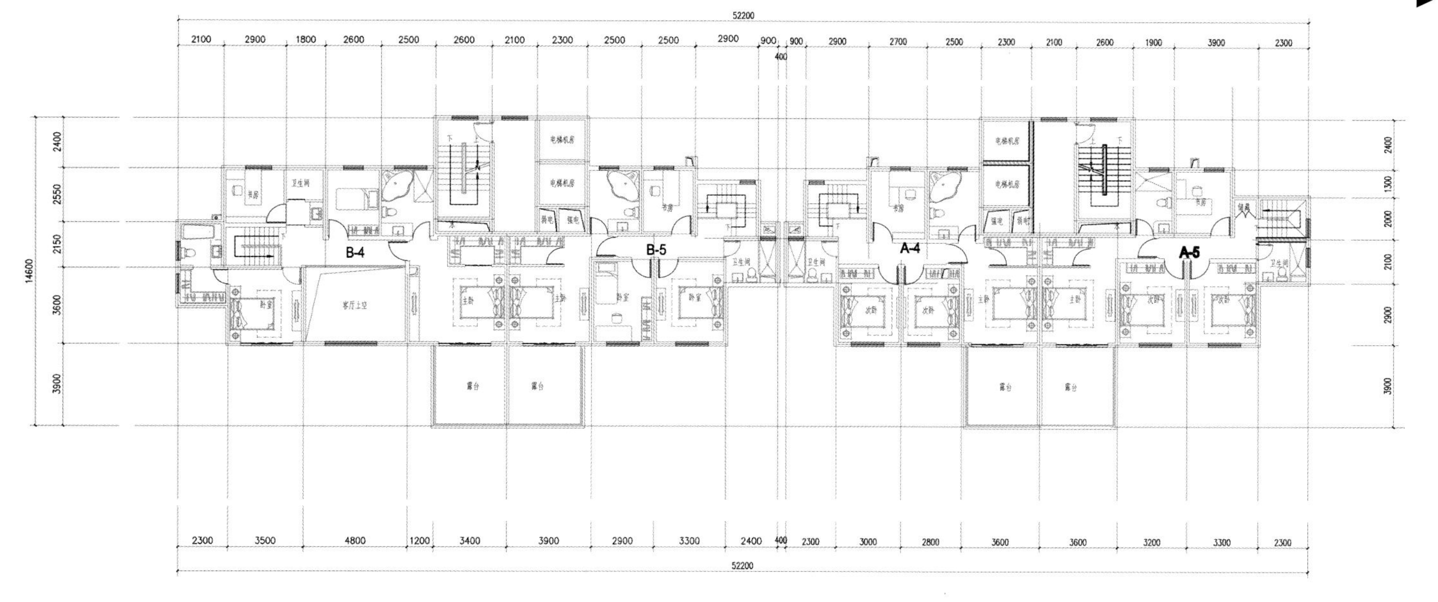

海派风情 生态花园

▶ 上海华润橡树湾2期

开发商>> 上海华润置地有限公司
设计单位>> 上海天华建筑设计有限公司
项目地点>> 上海杨浦区
占地面积>> 38 154平方米
建筑面积>> 101 216平方米
供稿>> 上海天华建筑设计有限公司
采编>> 盛随兵

***风格融合：**项目整体建筑风格立足新古典，采用经典的三段式立面形式，层次分明，同时吸收来自外滩和世界的灵感，运用现代的材质及工艺，既保留了材质、色彩的大致风格，同时又摒弃了过于复杂的肌理和装饰，显得典雅端庄。*

▶ 总平面图

花园式生态社区

项目位于杨浦区新江湾城，本案以建造优美的花园式生态住区为目标，将建筑和景观一体化，做到房与庭院、水面、广场有机地结合。首层住户保证享有“入户花园”。此外，绿地集中布置，将人行和车行流线分离，停车位尽量考虑地下设置，形成“地面全景观”的布局。社区“绿色花园+海派豪宅”独具特色的风情将成为新江湾城标志性的组成部分。

双动线设计

房型设计采用“管家—主人”双动线模式，最大限度保证房屋主人的居住私密性。实现每层住户电梯厅的专属化，相邻两户不合用电梯厅，使电梯厅成为私人门厅空间。采用超大面宽设计的起居室和餐厅的双厅设计，南向设大面宽景观阳台，南北卧室空间均自带卫生间、豪华更衣室。卫浴空间更有飘窗设计，景观面面俱到。

造型拔高 错落有致

高层整体建筑形象在空间上通过底部架空层、入口大堂，结合入户花园和花坛花池等，打造尊贵生活体验。整体建筑风格立足新古典，采用经典的三段式立面形式，层次分明。顶部造型通过拔高、退进等手法，天际线错落有致。

底部架空层、入口大堂等近人空间运用柱廊、石材基座等稍传统的建筑元素，结合入户花园和花坛、花池等与多层区形成呼应，形成风格上的统一延续，突出"海派风情"。平屋面的整体形态更为挺拔有力，近人部分运用更多的细部来体现建筑的品质和海派风味，成为小区内的视觉焦点。

NOTES

海派建筑

海派建筑的特色在于它将西方住宅文化与本地居住理念融合进建筑设计中。比如，房型迎合上海人居住的习惯，全户朝南，冷暖适宜，采用低窗户大开间采光，最大可能地引入景观。在小区总体绿化方面，则取材于中欧经典庭院设计，建筑风格则注重形式美感却不过度装饰的新古典主义。在自然和谐与精致的唯美路线中变幻出海派的高尚生活空间。

景观入户

考虑高标准的绿化配置和以“渗透”为特色的绿化布局，在楼座中间部位设置两层挑高的公共空间，将公共绿化引入室内，即室外景观室内化。其次，首层住户享有与联排产品同等规格的“入户花园”，尊享私家庭院景观。

▼ 07、08号楼立面

▼ 07、08号楼剖面

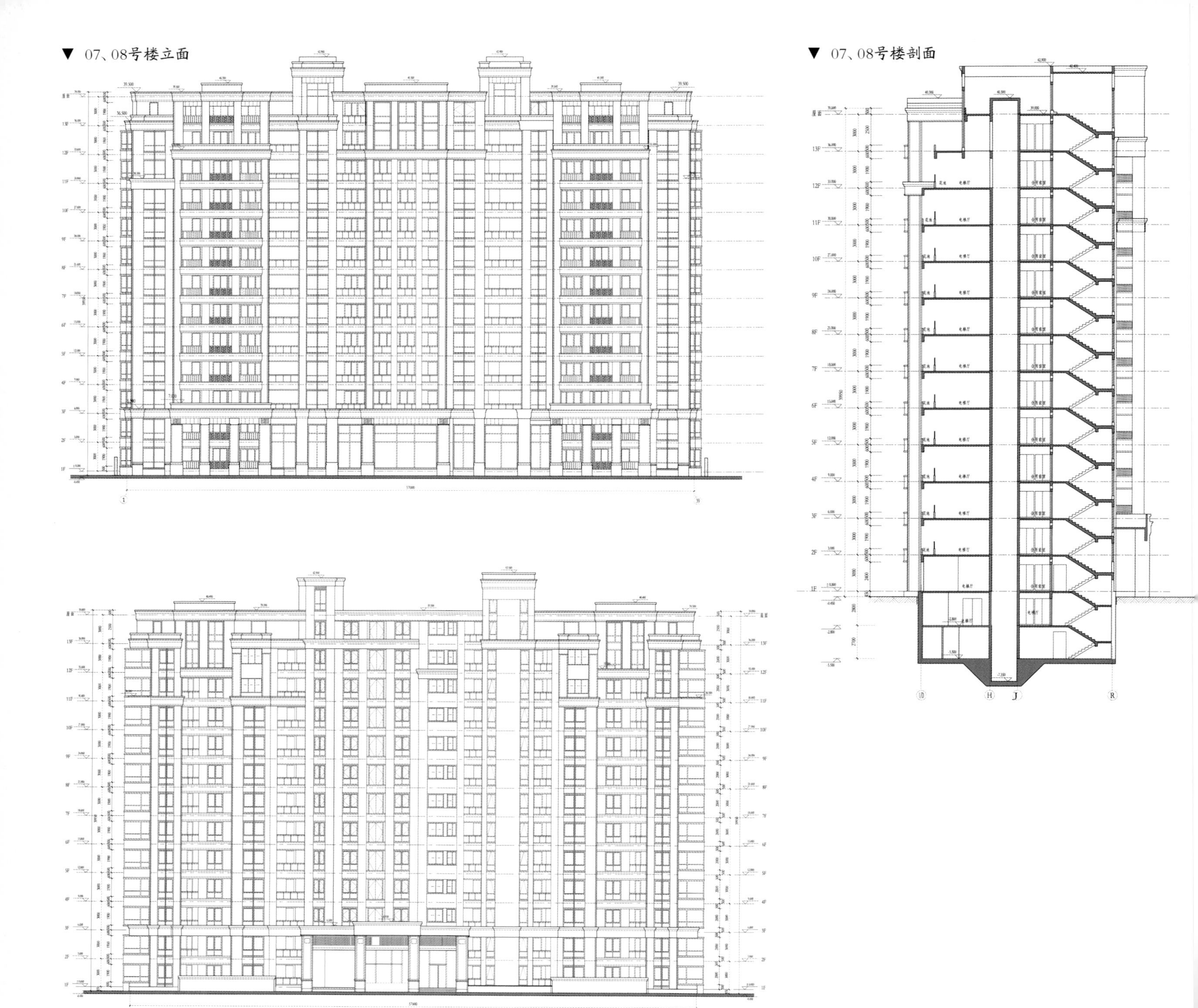

▲ 07、08号楼一层平面

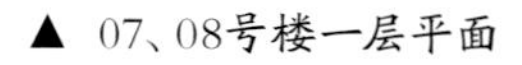

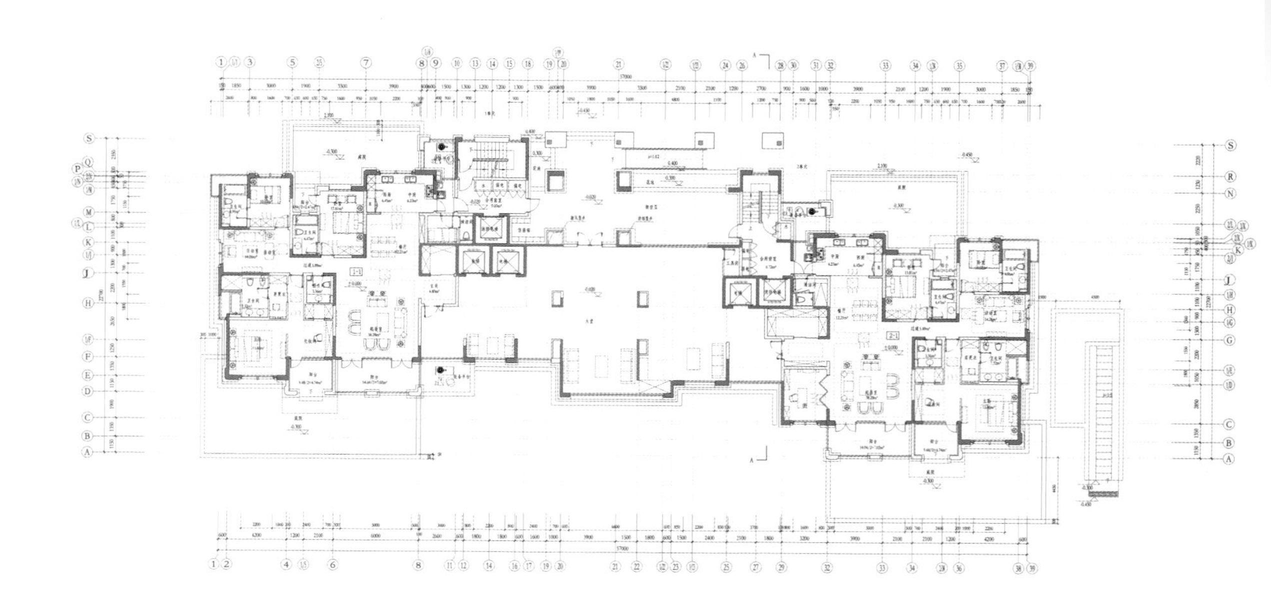

► 07、08号楼A-S立面

▲ 07、08号楼标准层平面

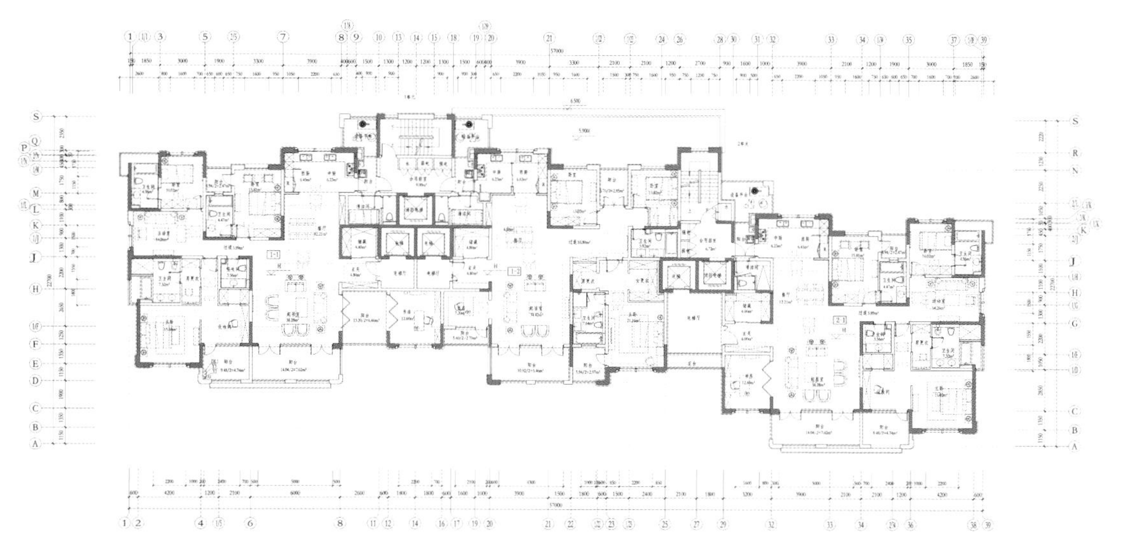

▲ 07、08号楼屋顶平面

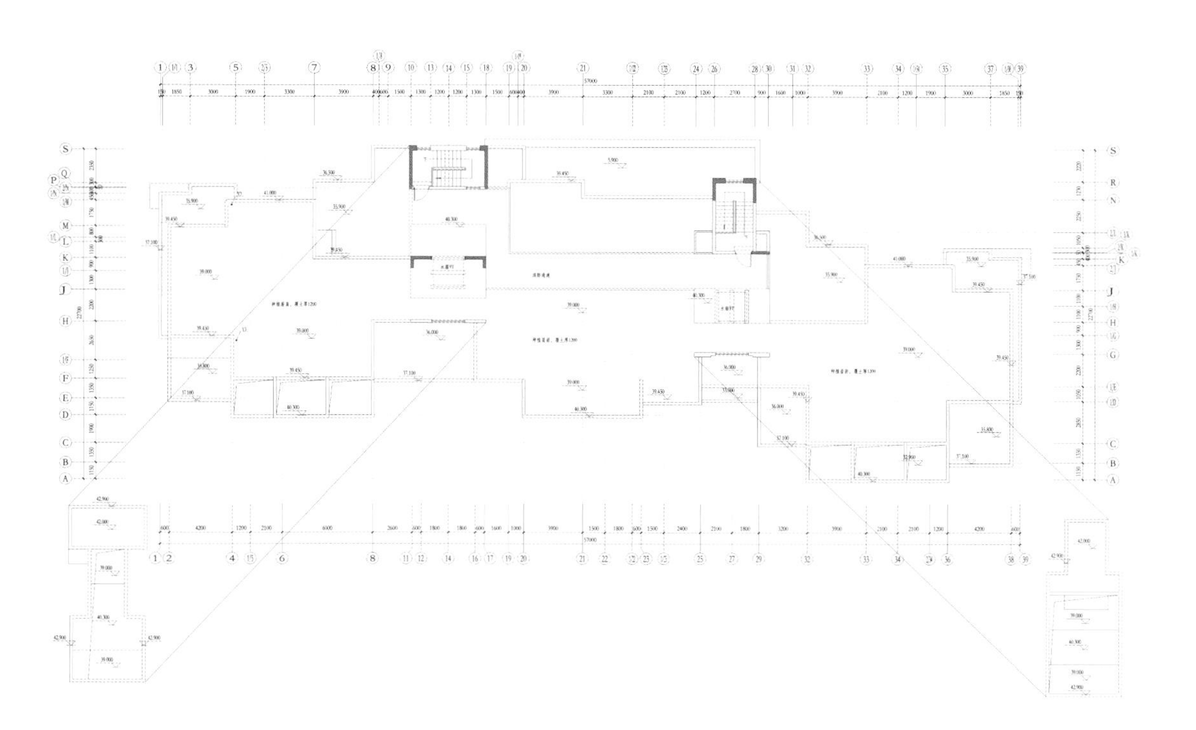

老上海
古典风韵

▶ 上海华侨城西康路989号

开发商>> 上海美兰华府置业有限公司
设计单位>> 上海天华建筑设计有限公司
项目地点>> 上海市普陀区
建筑面积>> 162 332平方米
采编>> 盛随兵

***风格融合：**项目不仅承袭海派传统风尚韵律，而且兼收Art Deco经典装饰风格。建筑外立面采用天然石材装饰，总体轮廓呈竖向线条，挺括流畅，将新古典主义的艺术美感与灵动摩登的现代气质完美交融，凸显新海派生活的高贵与典雅。*

▼ 总平面图

新时代高端居住典范

项目由七栋高层住宅单体，一栋历史保护建筑改建的住宅和沿街一至二层商业建筑构成。结合项目高级会所，中心区域围合一个跌落式下沉庭院，营建居住建筑单体为高级精装修高层公寓。项目重视公共部位的精细化设计，地面人行单元入口的架空大堂设计是本项目重要的亮点，人车交通最大限度地分流，而车行地下大堂的设计更是高品位住宅的设计体现。项目主要客群定位为认同海派经典文化的城市高级白领和城市新贵。

古典中央园林

社区景观园林充分借鉴南方古典园林的精巧别致，利用地形、植物和建筑、道路等分隔空间，在强调邻里间的互动和情感交融的同时，造就多种主题空间。各主题景观又通过各条景观道相连，几十种花草芬芳组成一副绿色盛典，与地面形成相互呼应的立体绿化格局，造就别具一格的风貌，达到四季常绿、多层次的视觉效果。

老上海Art Deco风格

项目萃取最具海派文脉和都会精神的Art Deco装饰主义建筑风貌，咖啡色、米色两种经典色系交织融汇于建筑外饰面，整体风格浑厚、浓郁、挺拔、向上。

建筑总体轮廓呈竖向线条，外立面采用天然石材干挂，挺拔硬朗。单体细节中，线角的丰富细腻，使建筑在转折和高低错落中增强了动感和光影变化。

舒适奢华空间

87平方米～163平方米两房至四房，户型布局舒适奢华，动静分区，巧妙布局避免空间浪费，超大面积飘窗及多重露台设计，并辅以了世界顶级品牌的精装材料，浴缸、台盆，乃至水龙头皆精雕细琢，打造贵族生活。

海派 Art Dceo 风情

▶ 常州绿地外滩壹号

开发商>> 绿地集团
设计单位>> 水石国际
项目地点>> 江苏省常州市
建筑面积>> 320 000平方米
采编>> 盛随兵

风格融合： *项目采用纯粹的海派Art Deco风格，拥有丰富的线条装饰与逐层退缩结构的轮廓，外立面采用高标准石材用料，正气庄典，并融入海派元素，不仅增强了外立面的高质感，且在外观上给人以尊贵、高端的感觉。*

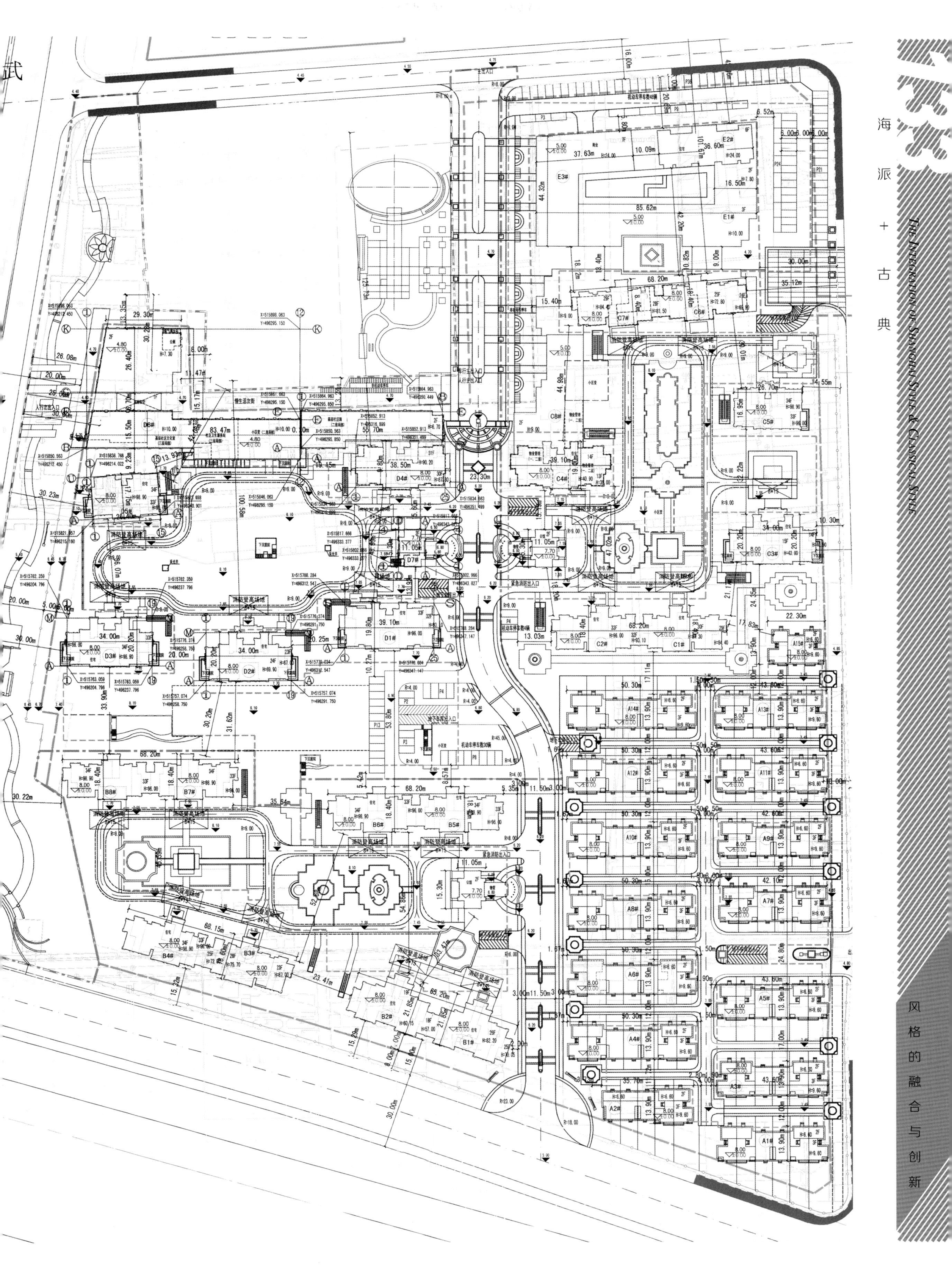

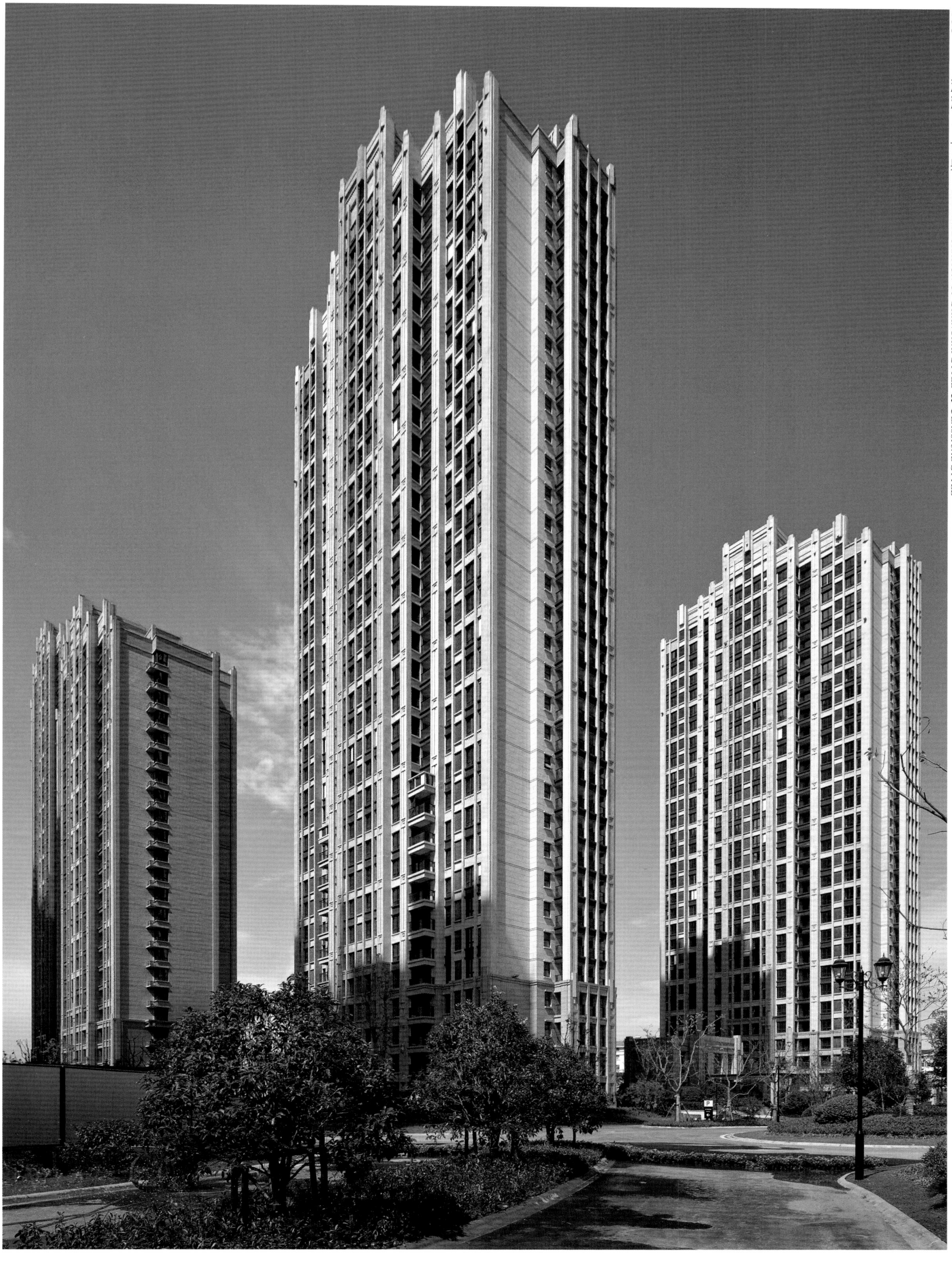

▼ 高层南立面图

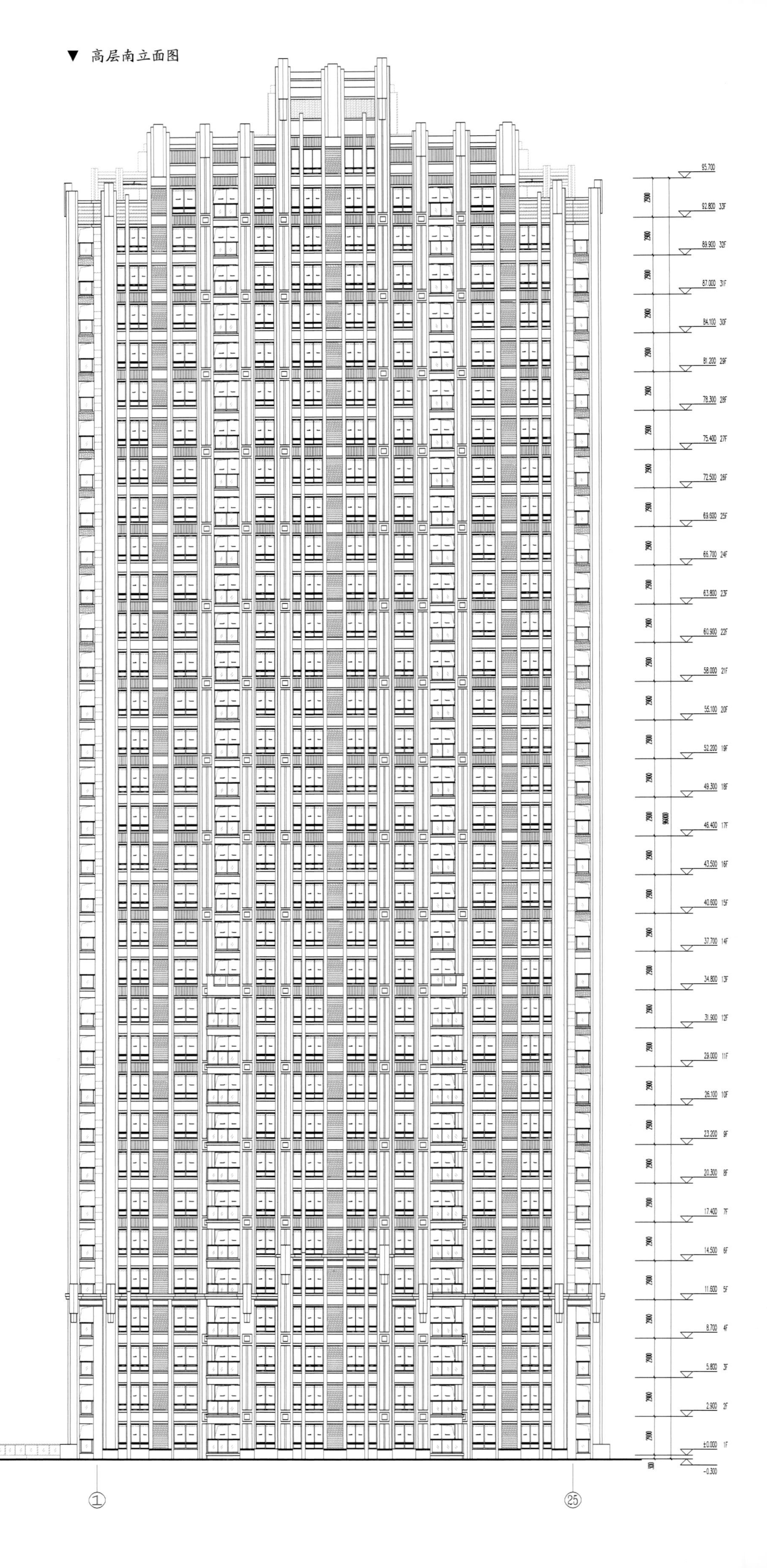

合院式组团空间

项目为高层围合院式组团空间规划创意，将地块分为3个高层住宅组团，1个商业组团，1个低层住宅组团。住宅区域的居住者情感回归于宁静与自然。商业区域的消费人群体验丰富而富有激情的时尚空间。完整和谐的整体格局与精心设计的建筑细部设计，创造具有文化品位的居住空间。

四明户型

在平面设计中以市场为向导，合理的平面布局、南北通风、明厅、明卧、明厨、明厕，厅堂平面方正开敞，视野开阔，就餐会客分区，并设有相应的储藏面积，设计合理。

多层次立体景观

小区景观采用“中心绿地+组团绿地”的结构布置，达到小区景观环境的均好。中心为带状景观，锲入各个组团。组团绿地采用铺地结合康体设施的方式，提高组团中心的利用率，为居民提供交流空间。

下沉式半地下车库

小区地下车库采用采光下沉式庭院模式，下沉式庭院设置可使车库自然采光，还可以观赏庭院的景观，同时车库运用无梁整块楼板，避免了常规地下车库给人压抑感，通过下沉式半地下车库的设计，使得车库自然采光，明亮通畅，同时保证地下车库行车安全。

▼ 高层北立面图

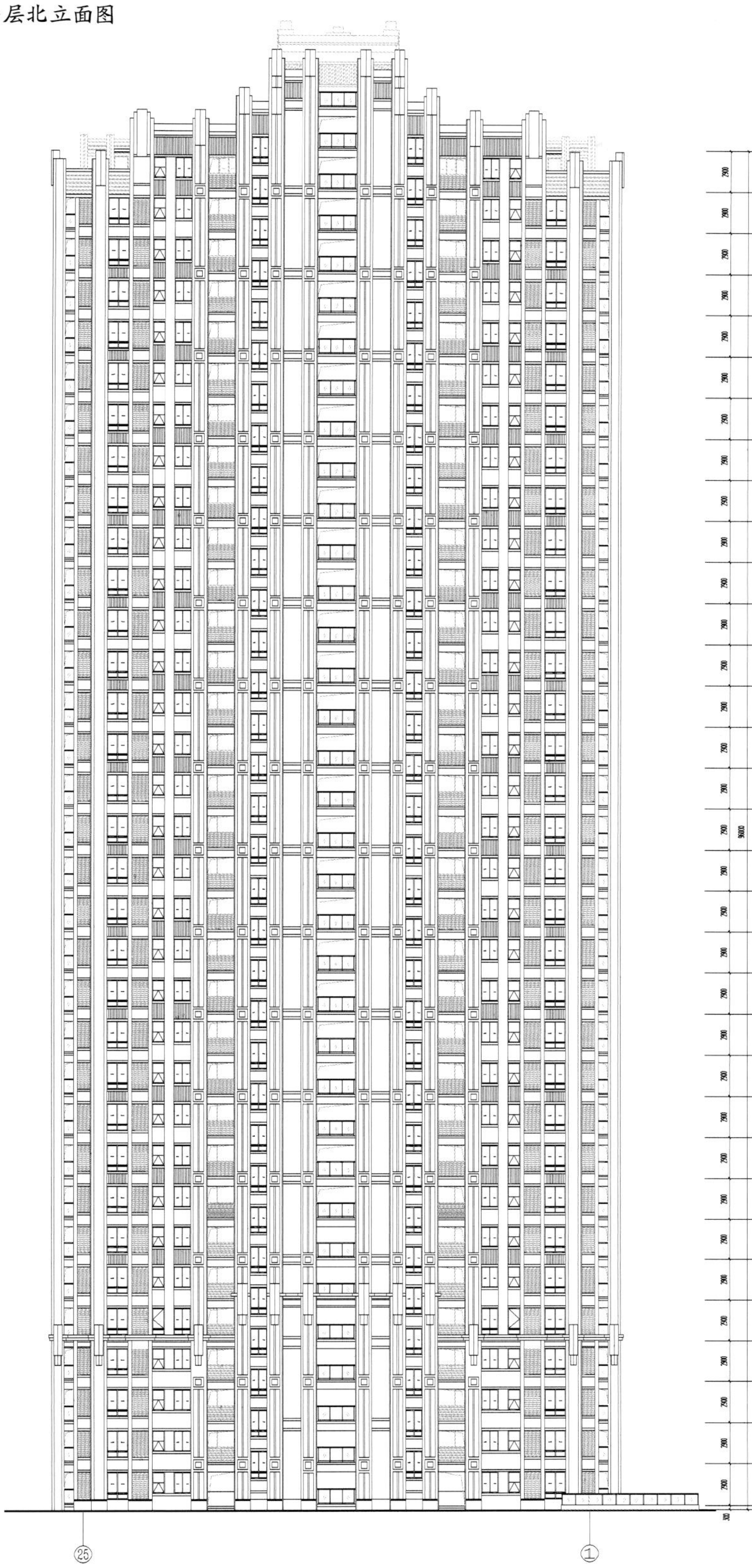

▼ 高层侧立面图

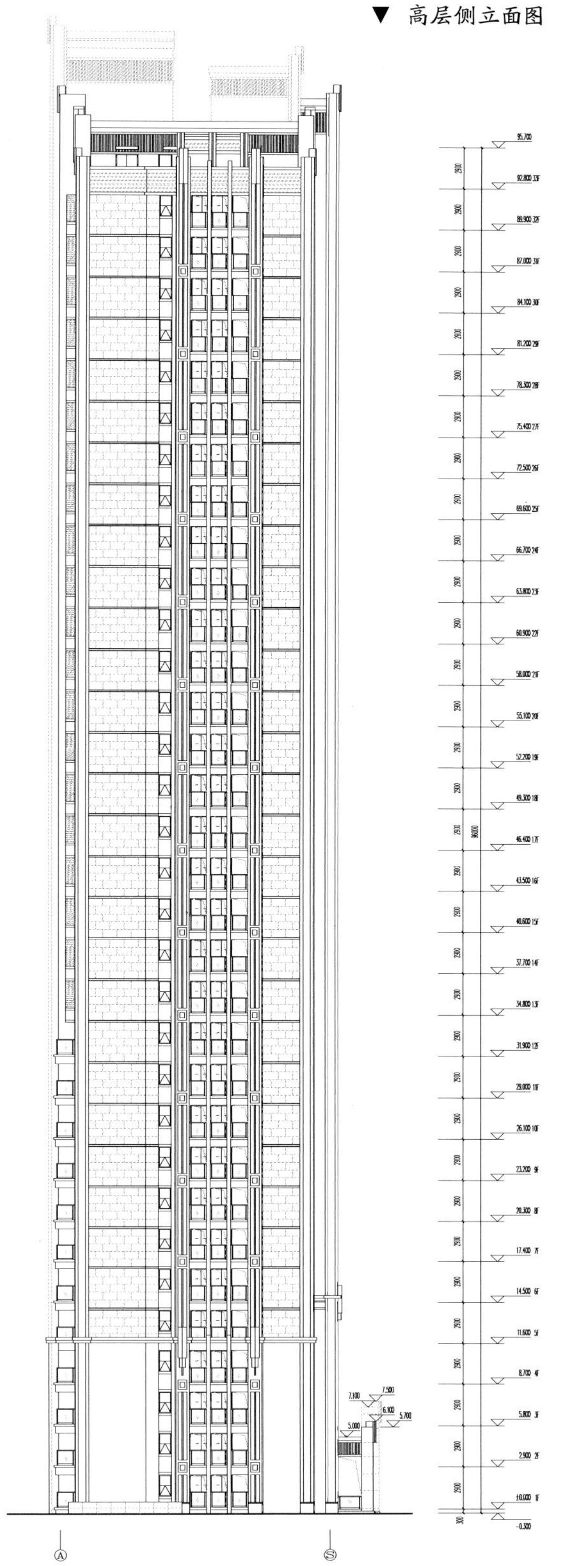

海派Art Dceo风格

建筑风格是海派 Art Dceo风格，在外立面的设计上，采用刚劲有力的几何线条，融合沉稳、大气的色彩组合，色彩和形式上做到协调统一，富有韵律，强调居民的尊贵感和归属感。

法式+古典风格的建筑，兼容华贵典雅与现代时尚。一方面尊重和保留新材质和色彩的自然风格，摒弃过于复杂的肌理和装饰，简化线条，保持现代而简洁的审美倾向；另一方面，通过准确的比例调整和精致的细节设计突显传统的历史痕迹与浑厚的文化底蕴，精致、端庄、对称。

法式+古典风格的建筑设计，遵循法式立面的构图比例，还原出柱式、老虎窗、山花等细节部品的轮廓与尺度。同时，摒弃古典法式建筑中繁缛的雕花及线脚，体现现代建筑的时尚感。外立面采用石材，以精致的材质、色彩搭配三段式组合，塑造高雅、温馨的居住氛围，从而体现"现代法式"和"中西合璧"风格的高度融合。

关键词：简化线条 对称比例

法式宫廷贵族风

▶ 北京金科王府

开发商>> 北京金科纳帕置业有限公司
设计单位>> 筑博设计集团股份有限公司
项目地点>> 北京昌平区
占地面积>> 152 307平方米
建筑面积>> 186 323平方米
供稿>> 筑博设计集团股份有限公司
采编>> 李忍

风格创新： *项目建筑形式为法式宫殿风格，配以法式宫廷园林，多采用对称造型。整体设计注重欧式古典风格比例尺度的推敲，古典建筑构件设计表达清晰，运用不同的古典语汇，营造高贵雅致的建筑氛围。*

总平面图

温泉休闲度假社区

项目位于北京昌平九华山庄东300米路南，传统的小汤山温泉度假区的核心位置。项目东、北两侧毗邻温榆河的支流葫芦河，整个基地被几排参天大树分为东西两部分，东侧地块以2～3层的低层户型为主，园区内组团分明，各楼间错落排布，组团间穿插休闲活动场地，滨水设置观景户型，建筑体量较少。西侧地块以为7～8层的花园洋房和2～3层的联排户型为主，中间为一条景观水系，靠近水系的户型适当加大，使其景观价值最大。在建筑的形体处理上，靠近水系的洋房层数适当减少，与东侧联排体量上相互呼应，形成较缓和的天际线。项目定位为品味、精致的居住、温泉、休闲、度假社区。

建筑平面设计特色

项目建筑形式多样化。既有强调邻里关系的联排住宅，也有注重私密空间的独栋；既有介于联排与独栋之间的"类独栋"住宅，又有花园洋房系列。在单体平面设计上，依据不同的建筑形式，做出不同的设计处理。比如：花园洋房通过层层退台的方式形成空中的花园露台；联排住宅的端户平面设计上，采用侧入、侧向私家花园的方式，赋予其独栋住宅的品质。

法式景观

东西两地块出入口处，空间开敞，配合景观水系，形成每个园区的集中景观区域。另外每个组团中间也有相对独立的法式景观区域，强调中心感与几何对称。园区内一条水系蜿蜒而过，使这些组团相对独立又互相串联，构成景观主题节点。结合入口处弧形的景观构筑物，形成车行人行入口的标志性景观。

人车分流

东侧地块，两个地下车库出入口设置在主入口两侧，车辆在进入园区时就驶入地下，车库在地下互相连通，保证每户方便地停车回家。园区内设计外环道路，社区内日常生活状态实现人车分流。西侧地块，两个地下车库出入口设置在主入口两侧，另一个车库出入口位于洋房北侧的道路边，满足车流量的需要。

法式宫殿风格

项目立面采用浅色全干挂石材，结合葡萄牙米黄石的自然石材肌理，色彩既明快又不失稳重，体现法式宫廷建筑的尊贵与典雅。

建筑材料主要选用浅色花岗岩精心雕琢而成，局部采用铁艺栏杆。在整个建设工艺中，均采用"王府系"统一标准，具有国际领先技术，诸如德国进口玻璃，瑰丽的各类石料等，这些经典的建筑元素及选材彰显了金科王府庄重典雅的皇家气韵。

NOTES

法式宫廷风格

法式宫廷建筑十分推崇优雅、高贵和浪漫，风格则偏于庄重大方。整个建筑多采用对称造型，建筑线条鲜明，凹凸有致。屋顶多采用孟莎式，坡度有转折，上部平缓，下部陡直。屋顶上多有精致的老虎窗，且或圆或尖，造型各异。外立面大多用石材贴面，或用仿石材，有些用碎石粉刷。其摒弃了欧式风格粗略的表现手法，更加注重细节的处理，运用了法式廊柱、雕花、线条，制作工艺清细考究，整体呈现贵族风情。

原味法式宫廷社区

▶ 银亿·上海领墅

开发商>> 宁波银亿房产有限公司
设计单位>> DC国际
项目地点>> 上海市杨浦区
建筑面积>> 60 449平方米
采编>> 盛随兵

***风格融合：**项目的设计灵感来自法国的古典建筑，建筑设计充分汲取了法国宫廷建筑的精粹，外立面上展示的老虎窗、廊柱等都源自于卢浮宫的建筑特色，以石材之王莱姆石铺装立面，传承法式宫殿式建筑的浪漫与气度，打造原味法国社区。*

生态法式豪宅

项目位于淞沪路以西，政立路以北，复旦新校区以南，国权路以东。作为新江湾城容积率仅1.0的纯正法国精神社区，产品以联排别墅为主，辅以叠加别墅。项目通过引进国际化丰富多彩的居住模式，利用项目周边的自然优势，以景观中轴线与小区道路连接，使整个小区的设计呈现出景观环绕、亲水宜人的绿色生态花园。

勒诺特尔式园林

园林风格主要沿袭的是勒诺特尔的皇家园林风格，以三大景观轴线勾勒出社区园林架构，强调庄重而高雅的意境，其中的每一个雕塑、喷泉、每株花卉、每一棵树木都精确设计。所有各类大小绿植都经过了精心修剪，没有一丝不协调。其中大量采用了法式喷泉造景，打造极致浪漫愉悦的公共空间。

银亿领墅
LE MEILLEUR DE LA VILLA

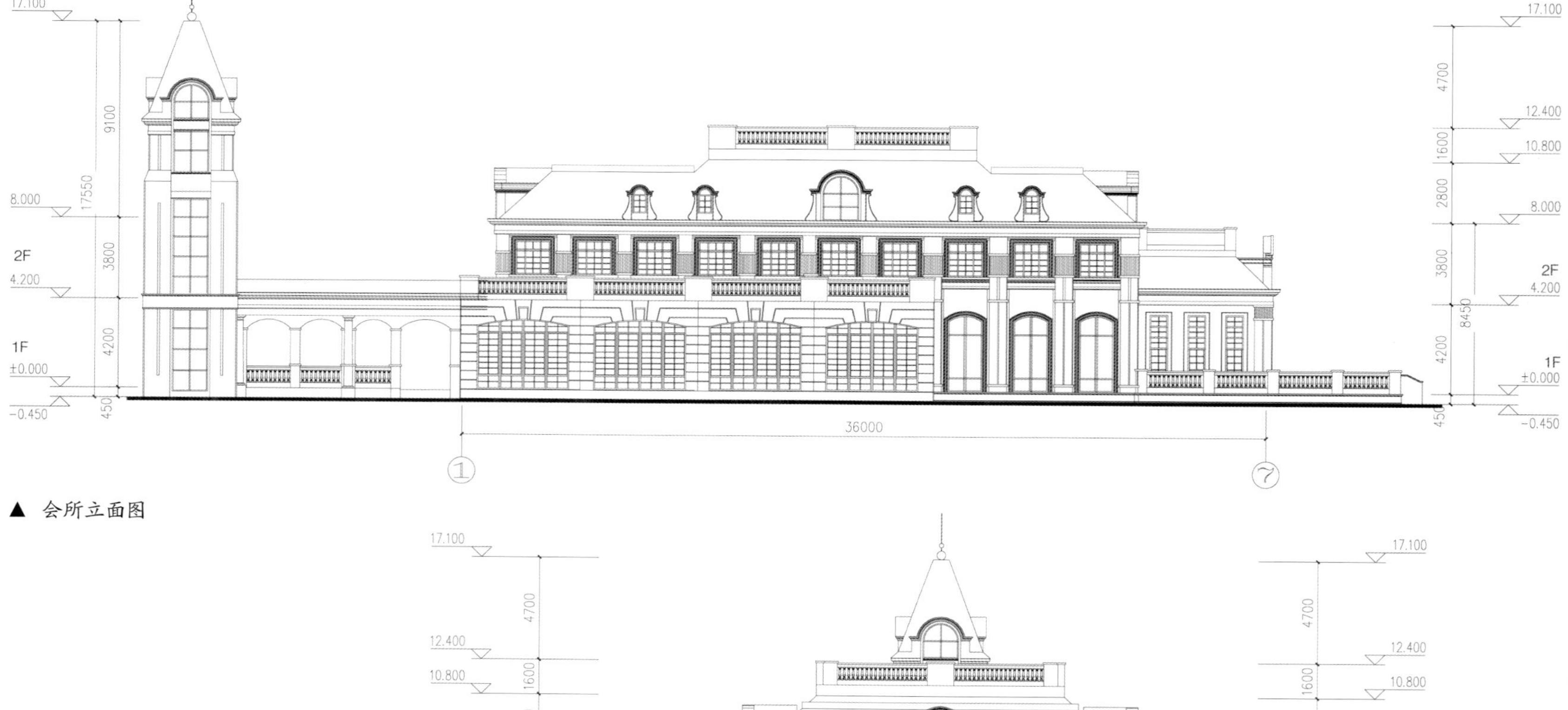
17.100
8.000
2F
4.200
1F
±0.000
-0.450
9100
17550
3800
4200
450
4700
12.400
1600
10.800
2800
8450
36000
①
⑦

▲ 会所立面图

17.100
12.400
10.800
8.000
2F
4.200
1F
±0.000
-0.450
4700
1600
2800
3800
8450
4200
450
22600
A
F

▲ 会所剖面图

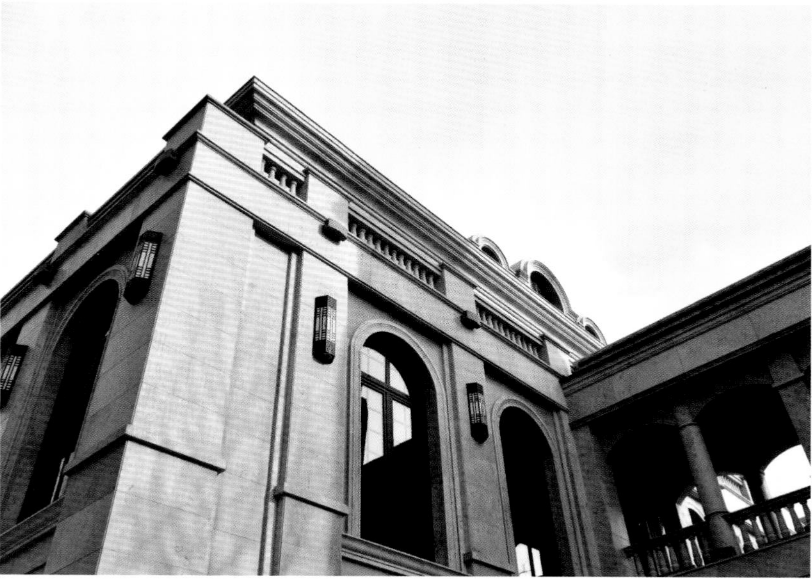

▼ 叠拼立面图

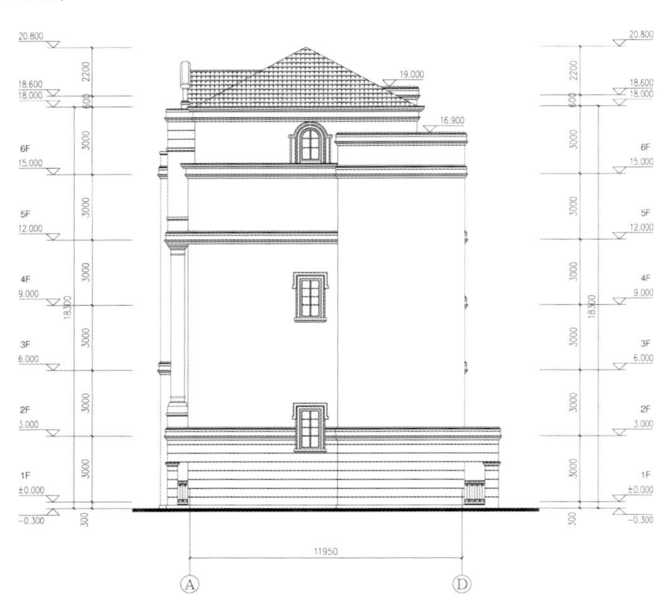
20.800
18.600
18.000
19.000
16.900
6F
15.000
5F
12.000
4F
9.000
3F
6.000
2F
3.000
1F
±0.000
-0.300
11950
A
D

20.800
19.000
18.600
18.000
6F
15.000
5F
12.000
4F
9.000
3F
6.000
2F
3.000
1F
±0.000
-0.300
11950
D
A

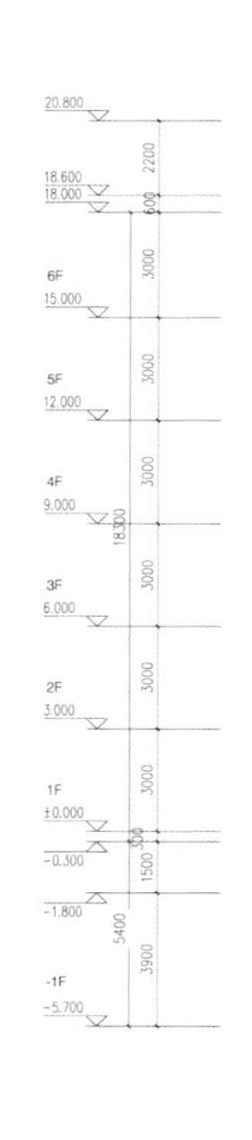
20.800
18.600
18.000
6F
15.000
5F
12.000
4F
9.000
3F
6.000
2F
3.000
1F
±0.000
-0.300
-1.800
-1F
-5.700

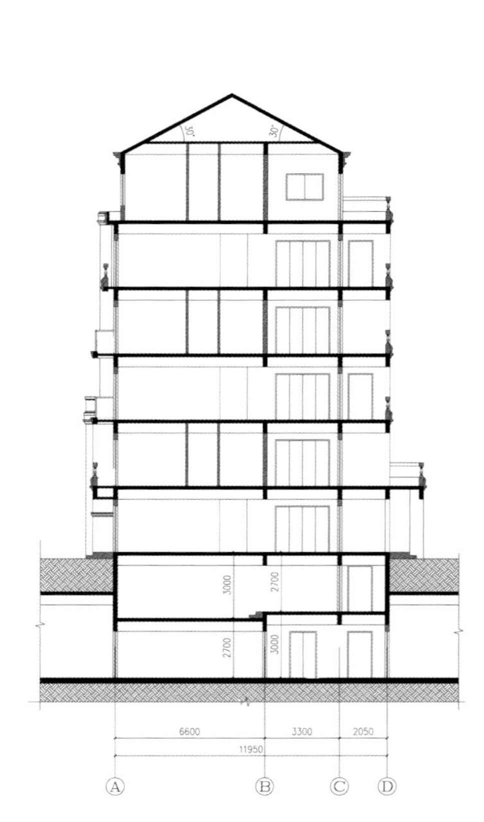
6600
3300
2050
11950
A
B
C
D

▲ 叠拼剖面图

▼ 叠拼立面图

▼ 多层立面图

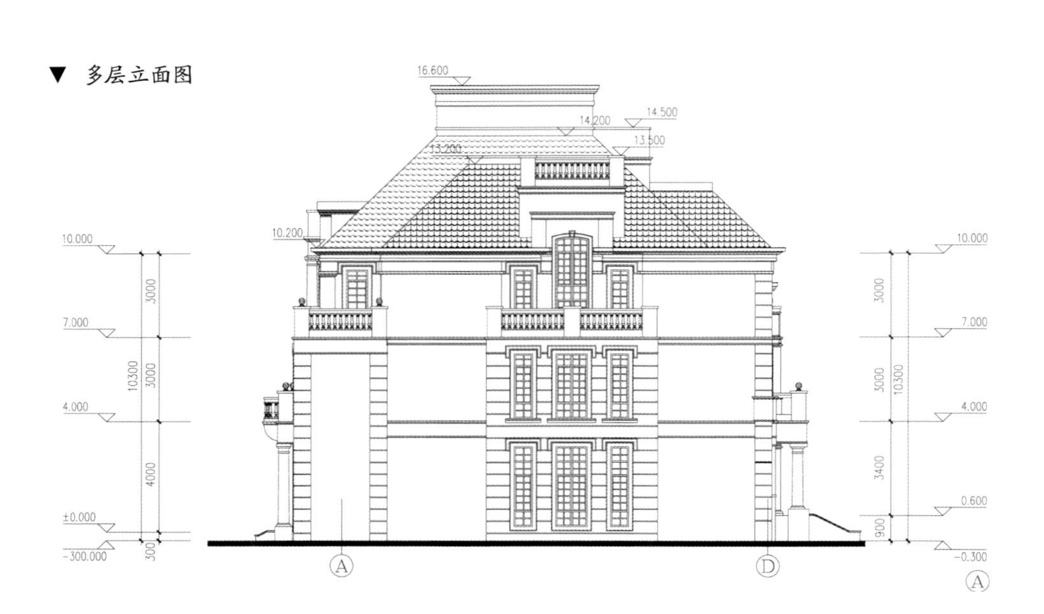
16.600
14.500
14.200
13.500
13.200
10.200
10.000
7.000
4.000
±0.000
-300.000
3000
3000
4000
10300
300
3400
900
0.600
-0.300
A
D

▼ 多层剖面图

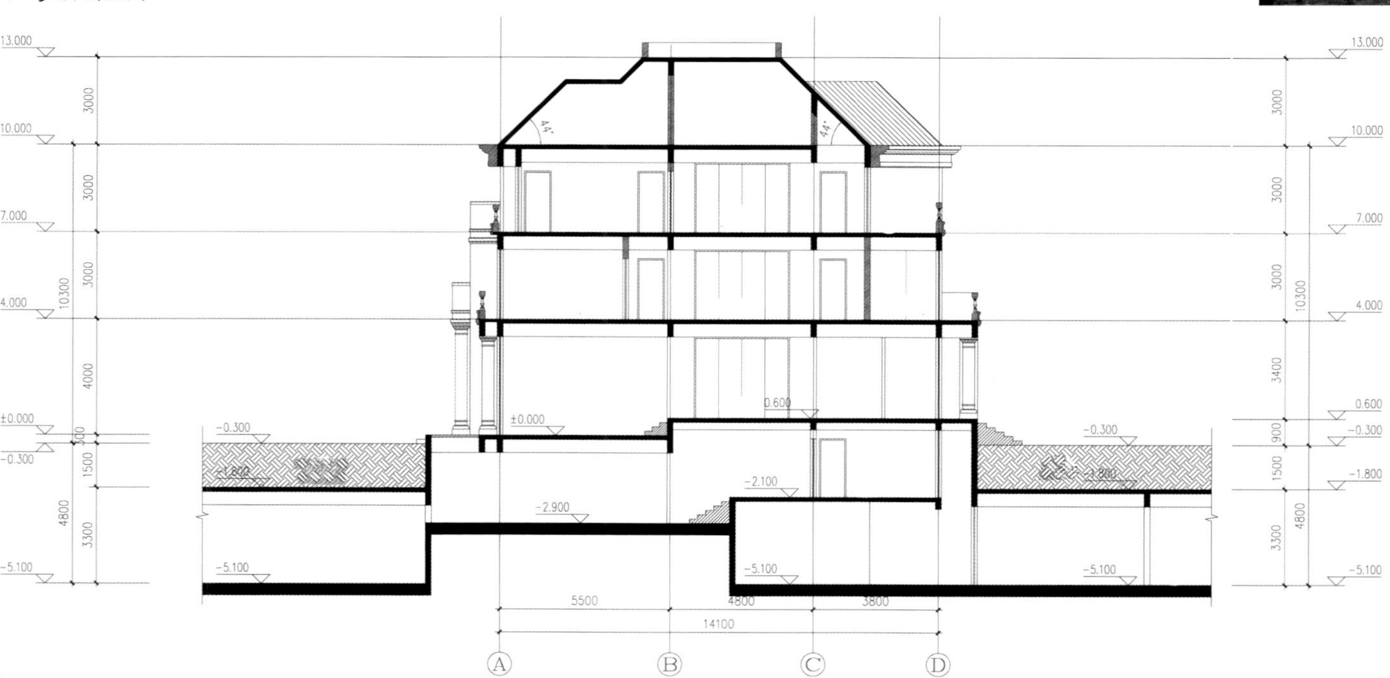
13.000
10.000
7.000
4.000
±0.000
-0.300
0.600
-1.800
-2.100
-2.900
-5.100
3000
4000
10300
1500
3300
4800
3400
900
44°
5500
4800
3800
14100
A
B
C
D

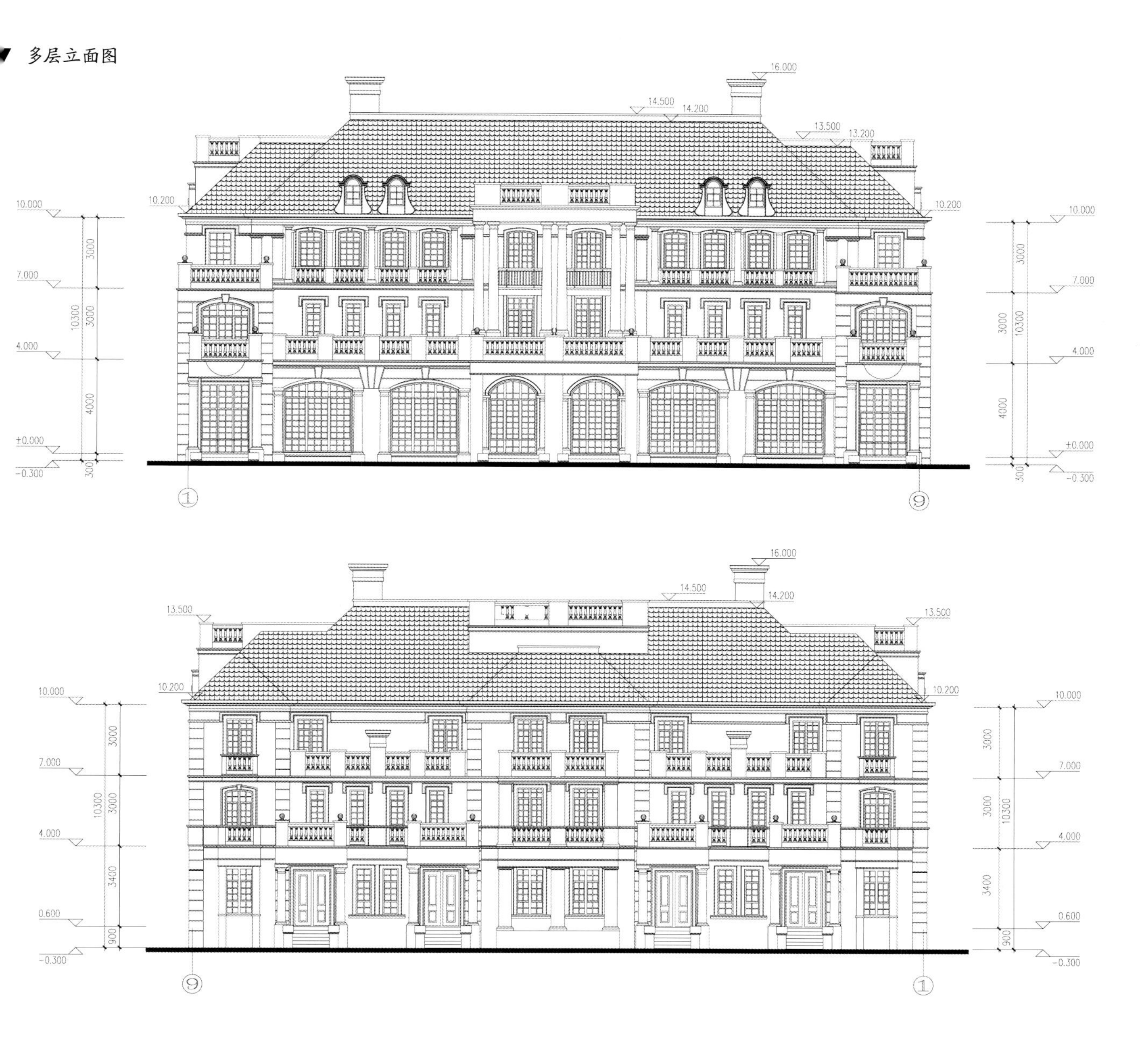

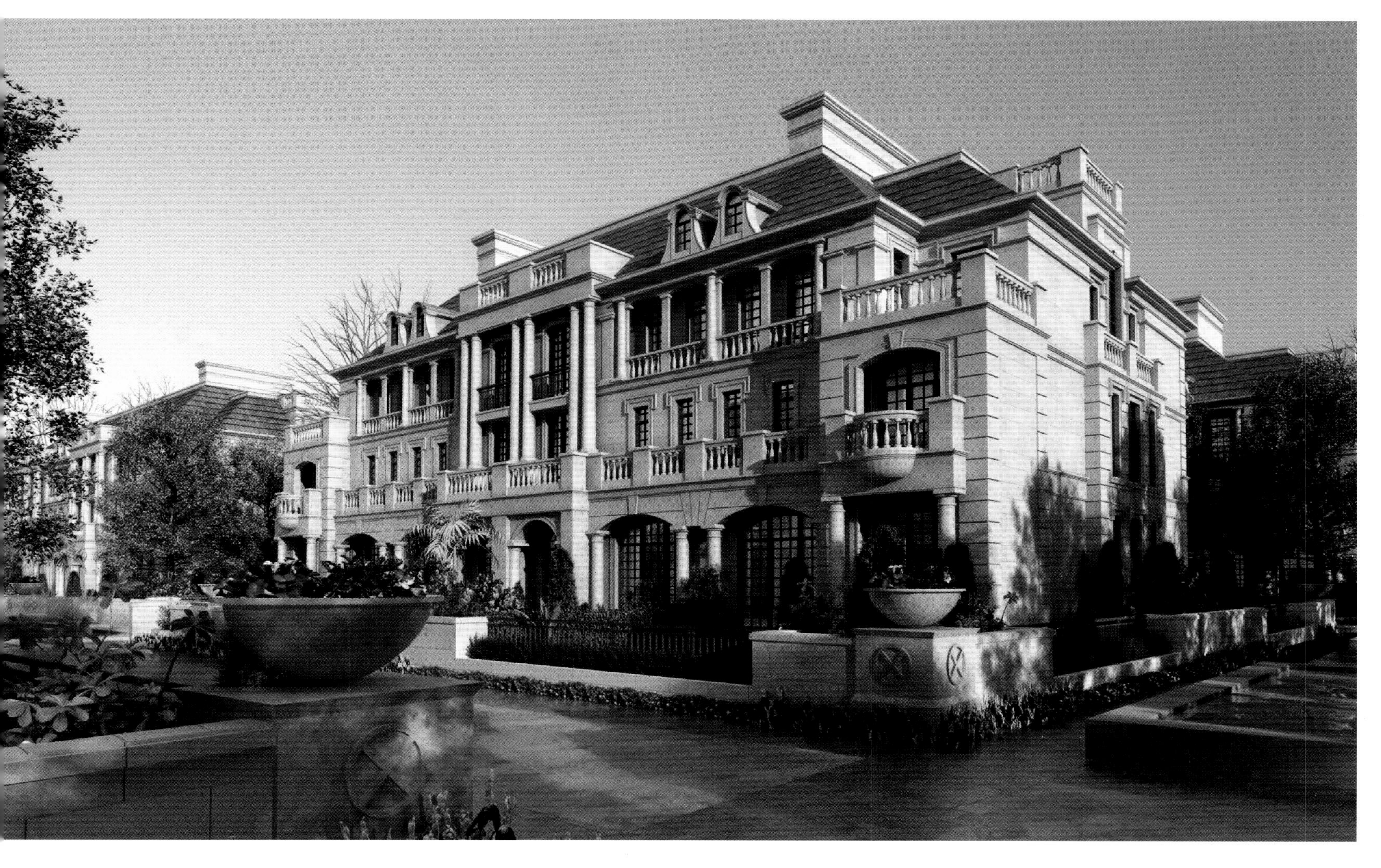

法式宫廷格调

建筑外立面采用法式古典的"三段式"，体现庄重、典雅的风格，顶部以出挑的檐口、线脚勾勒出简洁、明快的建筑体型。所有墙身线脚、窗位大小、高低都是以一个系统模块化格式出现，强调重复与韵律的美感。

在外立面的选材上，大量采用了欧洲宫廷的御用石材——莱姆石，追求建筑整体的恢宏与庄重。此外，产品运用了影响西方近千年的十字轴线，在莱姆石上刻画凹凸有致的线条，与传统的法式孟莎屋顶一起，为建筑增添了层次感，又保证了整个立面勾勒出一个完整的大宫邸。

NOTES

莱姆石

莱姆石，由海底岩石和大量贝壳类动物的外壳组成，是经历十亿年冲击与地壳运动而形成的结晶石，也是唯一兼具花岗岩硬度与大理石天然纹路的石材，因而被称为"生命之石"。

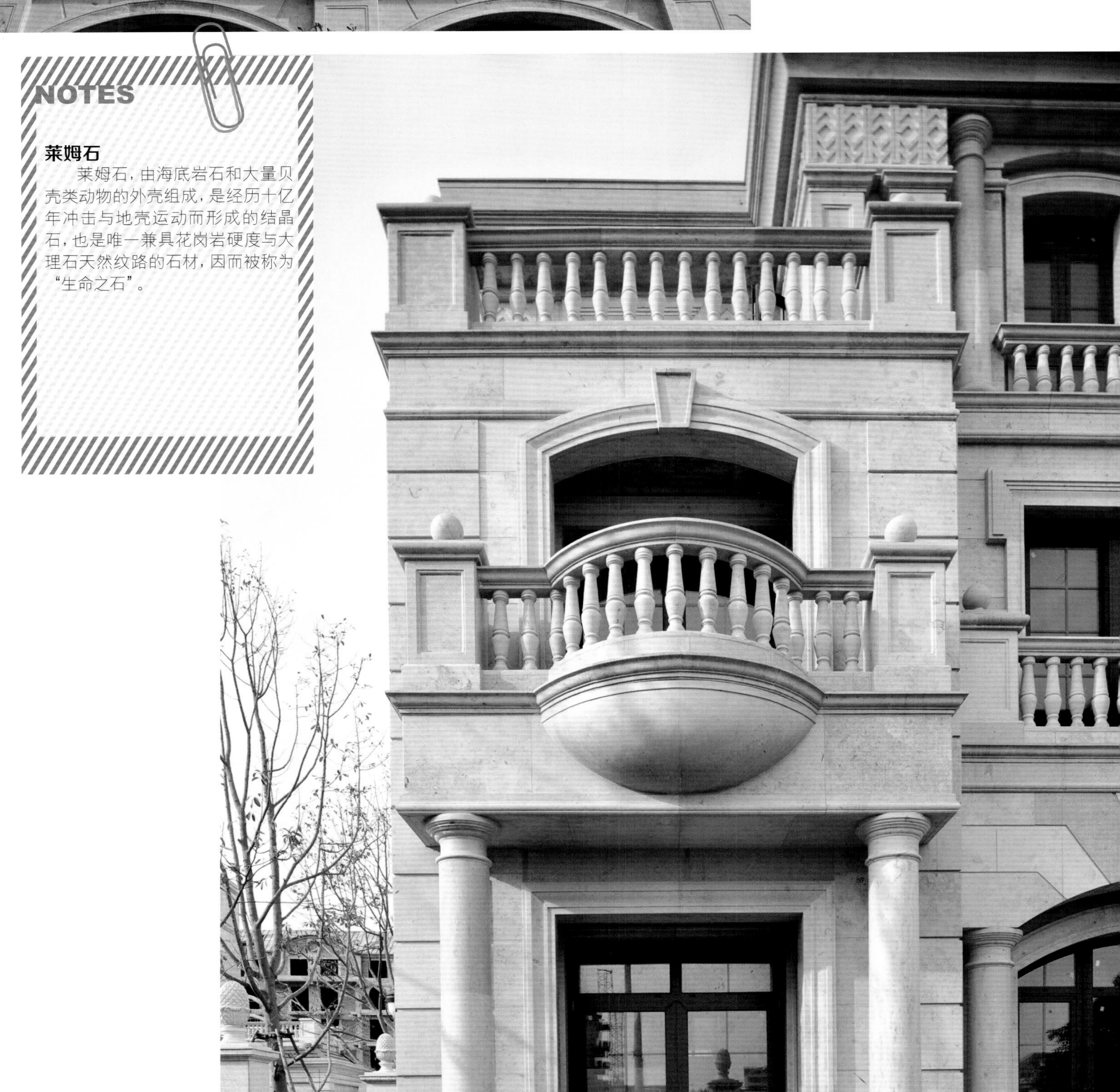

景观户型

户型为开畅明亮、通风采光条件优良的起居厅、餐厅双厅布局，具有明厨、明厕。最大限度地利用总体环境优势，制造端部景观房型。因地制宜地设计与环境景观相对应的特殊房型。

新法式
学院风情

▶ 南通华润橡树湾

开发商>> 华润置地（南通）有限公司
建筑设计>> DC国际建筑设计事务所
项目地点>> 江苏省南通市
建筑面积>> 4 000平方米
采编>> 盛随兵

风格融合：*项目的建筑遵循法国古典主义风格作为设计主导，间以少量巴洛克片段的原则，大量采用柱廊等立面构成元素，营造出略带学院风格气质但又不失呆板的建筑形象。*

总平面图

N
小区主入口
小区紧急出入口
卫生服务中心
会所
5号楼
6号楼
7号楼
8号楼
4号楼
3号楼
2号楼
1号楼
18号楼
15号楼
16号楼
17号楼
14号楼
12号楼
11号楼
13号楼
9号楼
变配电

全法式高端精品住宅

项目涵盖别墅、公寓及商业配套等设施，是集欧式贵族风范与多重商业模式为一体的高品质大盘。

作为"橡树湾系"全新升级之作，项目在遵循法式建筑源脉及建筑精神的基础上，结合当代南通高端人群的生活诉求，形成橡树湾独特的法式建筑体系，呈现出一个全法式的高端精品住宅。

法式宫廷园林

在园林规划上，香港贝尔高林建筑景观设计院承延法式宫廷园林设计精华，讲究严谨对称、肌理鲜明。一条气势磅礴的中轴景观贯穿整个社区，建筑分南北两排布置，营造出私密幽静的院落空间。

学院风格结合法式古典元素

在立面设计风格上，项目遵循法国古典主义风格作为设计主导，兼以少量巴洛克片段的原则，大量采用柱廊等立面构成元素，局部立面参考了巴黎卢浮宫和罗马特莱维喷泉及波里侯爵宫殿的片段，形成了对称、经典，略带学院风格气质但又不失呆板的建筑立面形象。

同时，考虑到时代及技术变革的因素，立面设计在一定程度上去除了巴洛克及古典主义风格过于繁琐的装饰物，并将古典主义风格极陡的屋顶调整为现代人所更乐于接受的1：1坡度。

在细节的打造上，真石面砖外立面的运用不仅具有耐腐蚀性强、抗风、抗雨等优点，而且随着时间的推移更能彰显出一种历史感厚重的高雅气质。

“十”字户型

项目大平层整体户型设计参照法国文艺复兴时期兴起的经典十字对称格局，将公共和私密空间有效地分割开来。加上独立套房、独立中西厨、独立衣帽间等设计，在户型上全面突破了过去的布局。同时，平面空间上的家庭活动室，也将更多地增加家庭交流的时间，创造更加和睦的家庭气氛。

法式
新古典社区

▶ 沈阳绿地棋盘山项目

开发商>> 绿地集团
建筑设计>> UA国际
项目地点>> 沈阳棋盘山
占地面积>> 266 969.12平方米
建筑面积>> 225 000平方米
采编>> 盛随兵

***风格融合：**项目采取简约浪漫的法式建筑风格，汲取西方古典建筑的经典元素，摒弃西方古典建筑中某些流派装饰的繁琐，以流畅的线条与简洁的设计结构赋予建筑内涵丰富的人文之美。*

总平面图

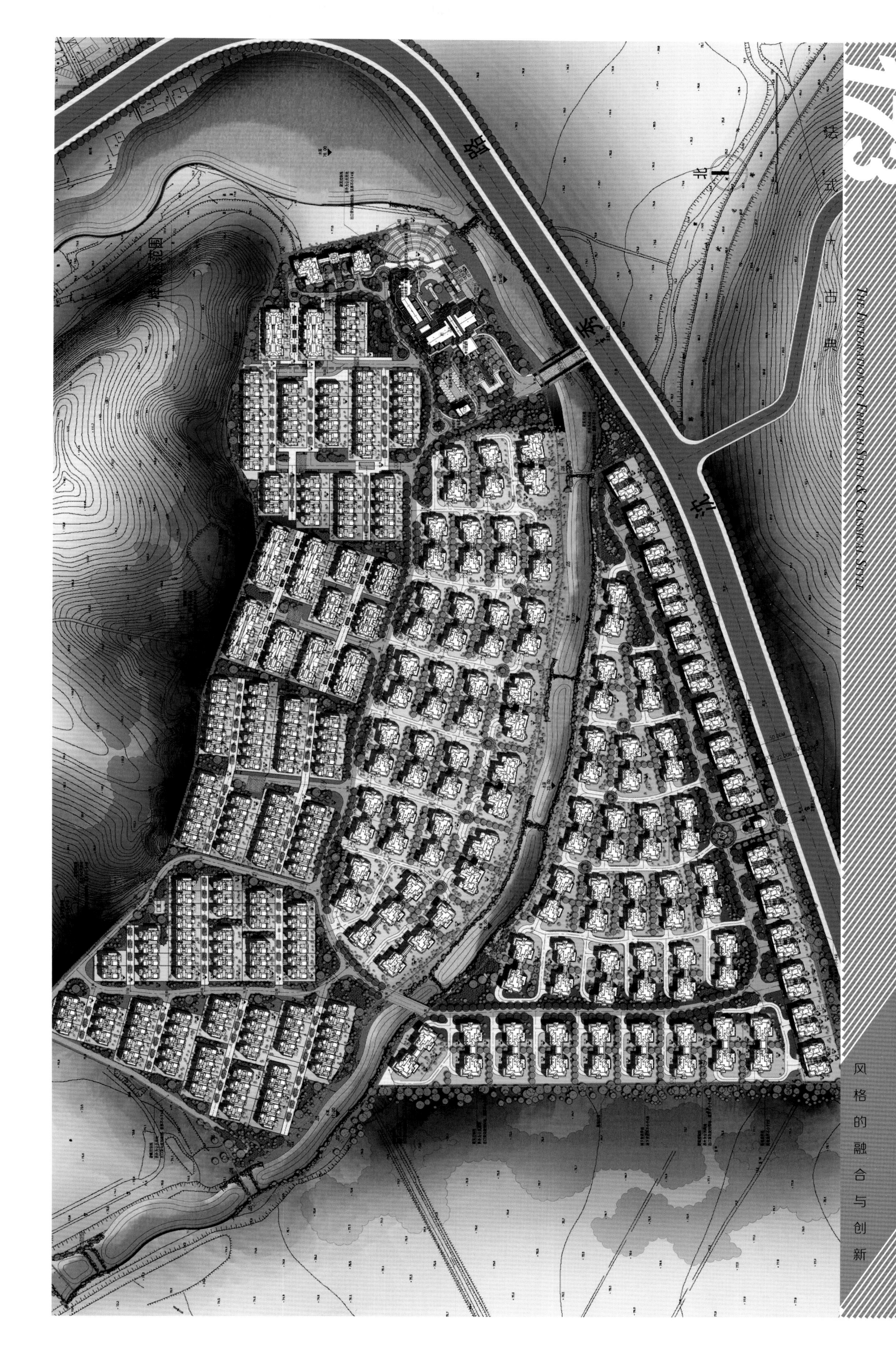

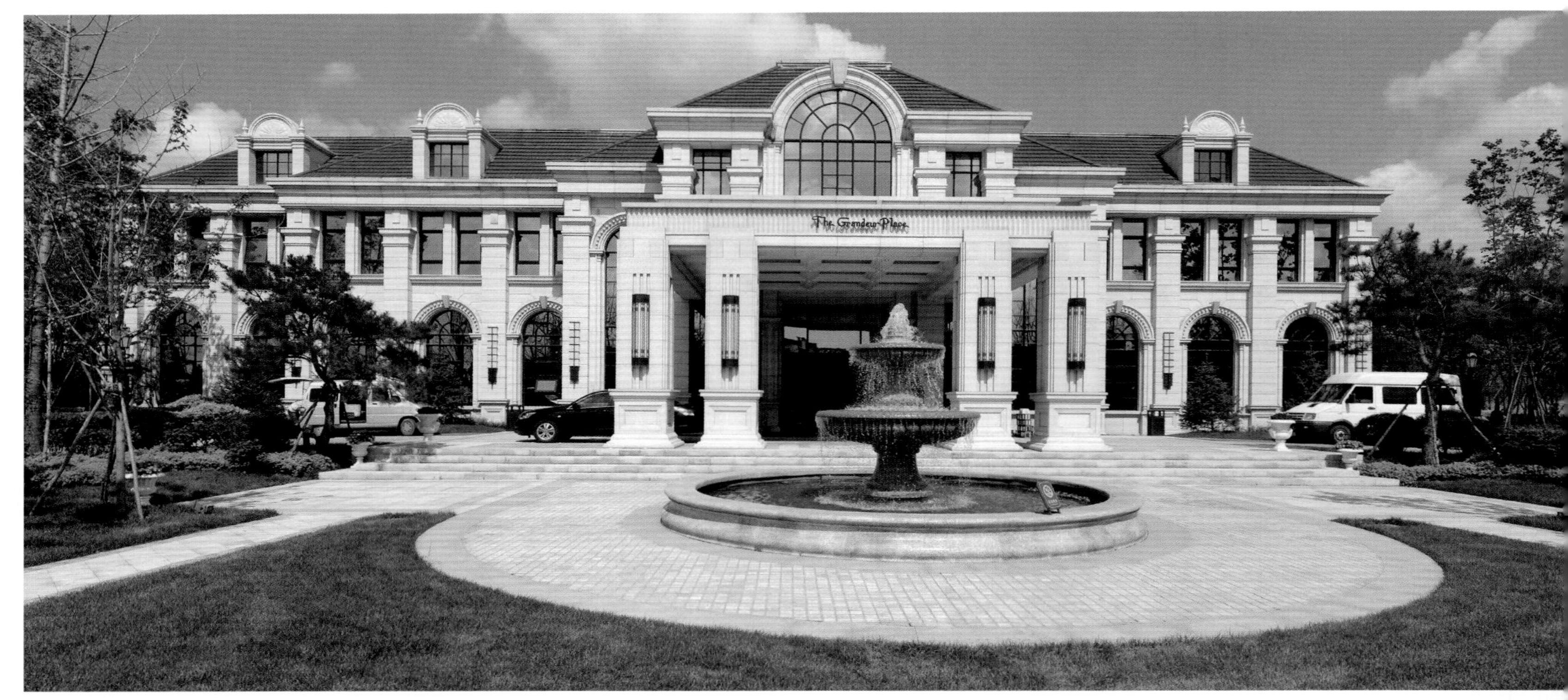
The Grandeur Place

休闲养生度假居所

本案作为辽宁省国际会议中心建设项目的配套居住部分，以建设低层低密度住宅为主。项目利用优越的景观资源，以山景、水景及高尔夫球场等多种自然景观，打造自然、生态、健康、休闲的居住空间。

建筑群体充分利用原始地形的自然形态，采取南北向布置，既可得到较好的建筑朝向，又可达到美观经济的效果，南北向的布局及1:1.7住宅间距，保障每户居民均有良好的通风和采光。所有户型均最大限度地加大景观采集面，着重窗的朝向、无遮挡及大开间客厅的设计，以达到对高尔夫球场、山地、水系景观的最大利用，增加产品的景观价值。

法式风格结合古典元素

项目在建筑立面设计上采取简约浪漫法式风格，汲取西方古典建筑的经典元，摒弃西方古典建筑中某些流派装饰的琐，给人一种真诚、高贵的美感。

项目以理性而精确的形式，纯净厚重质感，流畅的线条与简洁的设计结构赋建筑内涵丰富的人文之美。

自然水系景观

结合地理优势与环境优势，社区
观系统以“自然、水”为基本元素，小
内各个功能区的环境相互渗透。通过
地植被、硬质铺地、水体形态、广场、
品以及空间大小的转换，使环路内外
空间被交接成一个网状的结构，景观
闲空间有层次地从公共空间过渡到半
共，到半私密直至私密空间。

孟莎式屋顶 弧形老虎窗

▶ 上海绿地新都会

开发商>> 绿地集团
设计单位>> 水石国际
项目地址>> 上海市崇明区
项目规模>> 195 000平方米
供稿>> 水石国际
采编>> 盛随兵

风格融合：*项目定位为法式风格，遵循法式立面的构图比例，还原出柱式、老虎窗、山花等细节的轮廓与尺度。同时，摒弃古典法式建筑中繁缛的雕花及线脚，体现现代建筑的时尚感。外立面采用石材，以精致的材质、色彩搭配，三段式组合，塑造高雅、温馨的居住氛围，从而体现“现代法式”和“中西合璧”风格的高度融合。*

▶ 总平面图

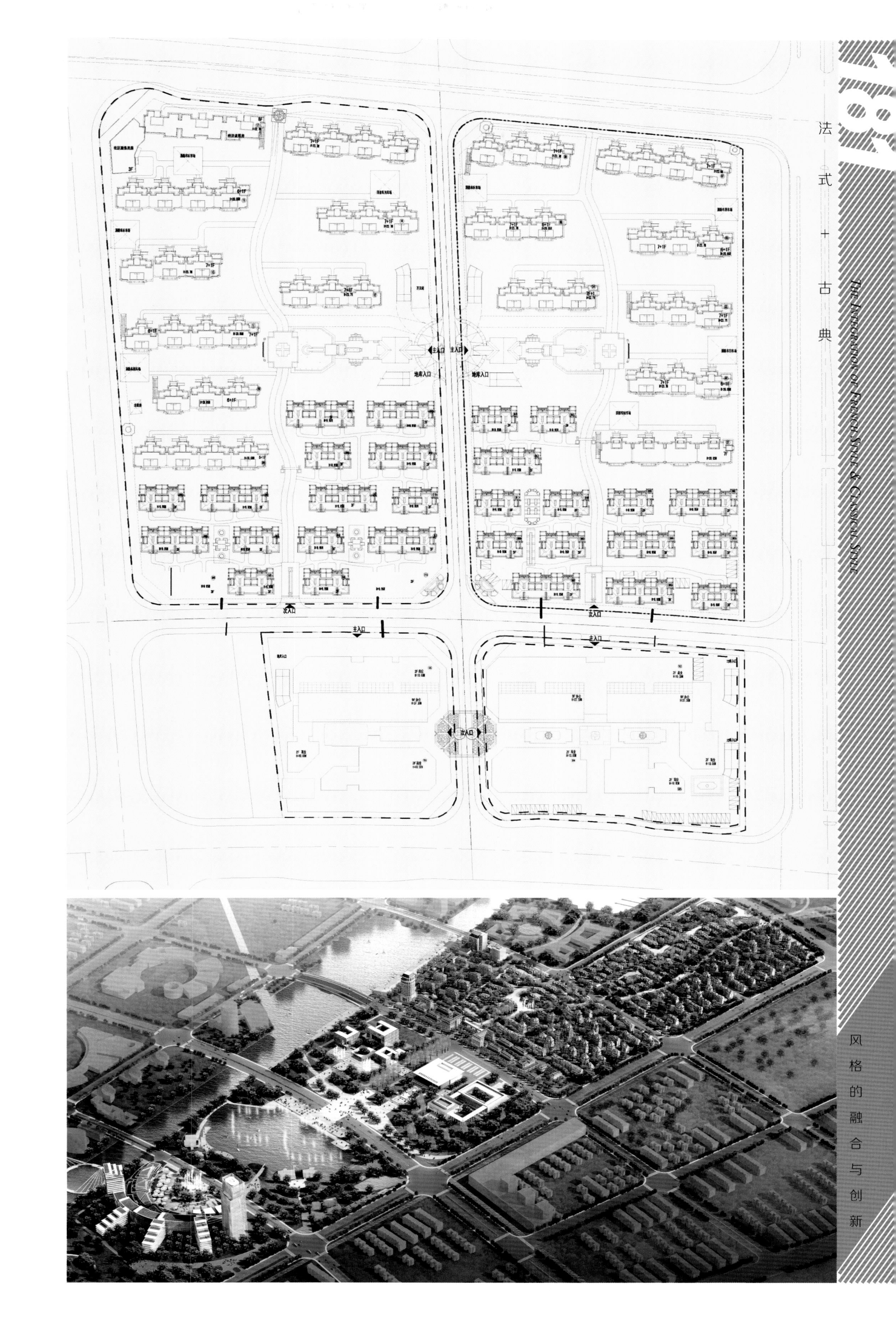

现代化社区

项目位于上海市崇明区，依托崇明岛“长江门户、东海瀛洲”的重要地位，同时尊享“田园水城，海岛花园”的优势资源，致力于打造富有生命力的现代化社区。项目采用中轴对称的规则式布局，并辅以与之相应的西式园林设计，彰显其庄重和尊贵感。

经济型空间

设计师尝试打造“小面积，大享受”的经济型联排别墅空间。135平方米两房两厅，宽敞有余，尊贵十足。大空间地下室，豪华入户玄关，全功能套房主卧，精心推敲空间尺度的舒适感，凸显别墅生活的高品质。而两层挑高客厅设计，三层出挑的大尺度景观露台，又为业主未来灵活改造提供了无限可能。每户独享的私家内庭院落，打造“家家有水，户户有花”的田园式生活场景。

私享庭院

一期北侧两地块以联排别墅和花园洋房为主，采用“组团半开放式”的基本空间结构。南北向两排洋房之间在满足日照、消防等基本规划条件的前提下，尽可能放大宅间距以打造稍带私密感与向心性的景观区域。由两侧的林间小径转而进入宅前屋后的集中式情境花园内，则是一番“别有洞天”的豁朗感。而联排别墅因间距较小则注重活泼的错落式排布，以穿插布置的点式绿化来打造“景缀宅间，宅隐景内”的场景，建筑与自然相互交融，浑然天成。

现代法式风格

在建筑形态表现上，以法式多层住宅产品为主，提供一种舒适的居住模式，倡导邻里亲情、自然、和谐的生活方式。建筑造型设计则以上海老街风格为基础，做了少许变化，结合崇明当地的风情及文化融入了中国清新、雅致的风格，使建筑更具特色并且跟周边优美的自然景观融为一体。

住宅的设计强调形体的组合、穿插，并加入一些活跃的色彩。选材上，除首层和门头采用石材外，其余建筑墙身皆采用真石漆，通过对分缝、分色等细节处的精心把控打造出高品质的立面效果。灰蓝色的孟莎式屋顶，淡雅的米色石材墙身，弧线形的老虎窗，精雕细琢的宝瓶栏杆，无不彰显法式建筑的浪漫、大气与尊贵。

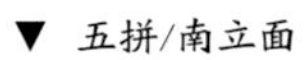

▼ 五拼/南立面

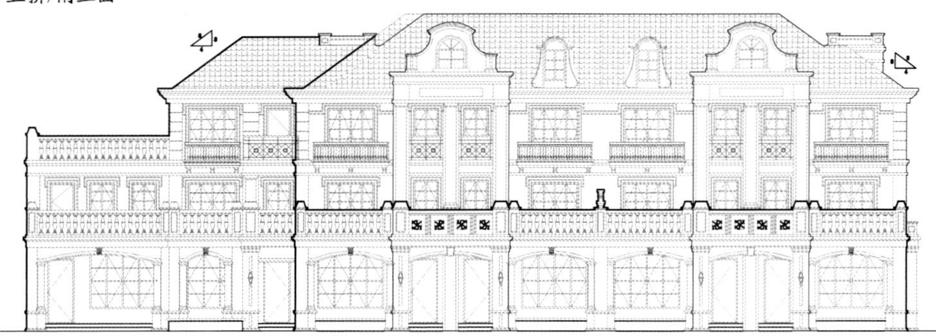

▼ 五拼/东立面

▼ 五拼/北立面

▼ 五拼/西立面

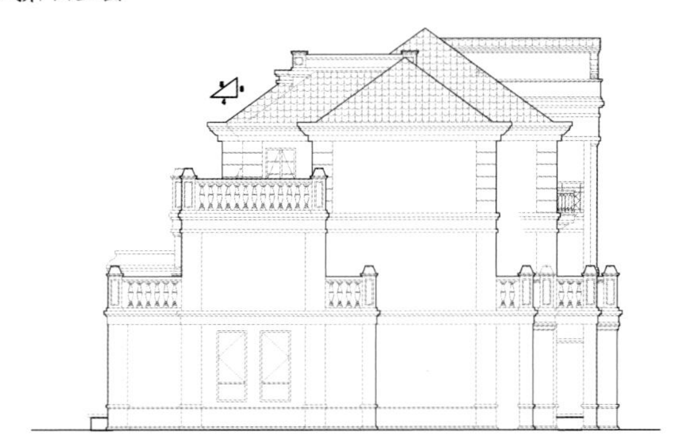

▼ 五拼/屋顶平面

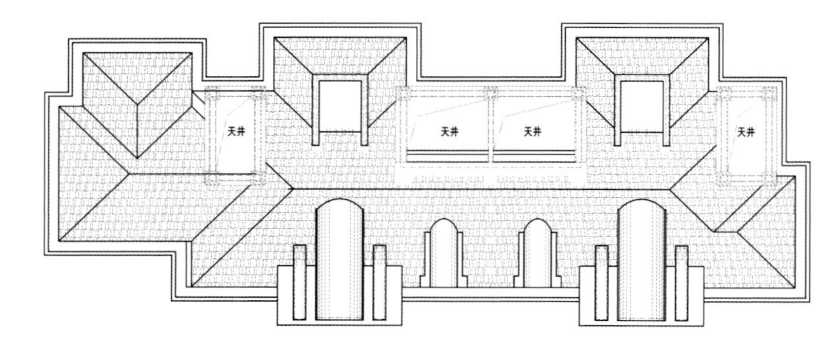

▼ 五拼/地下室平面

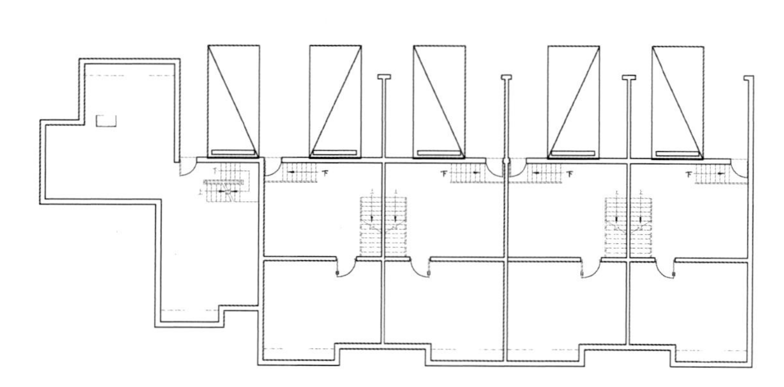

▼ 五拼/二层平面

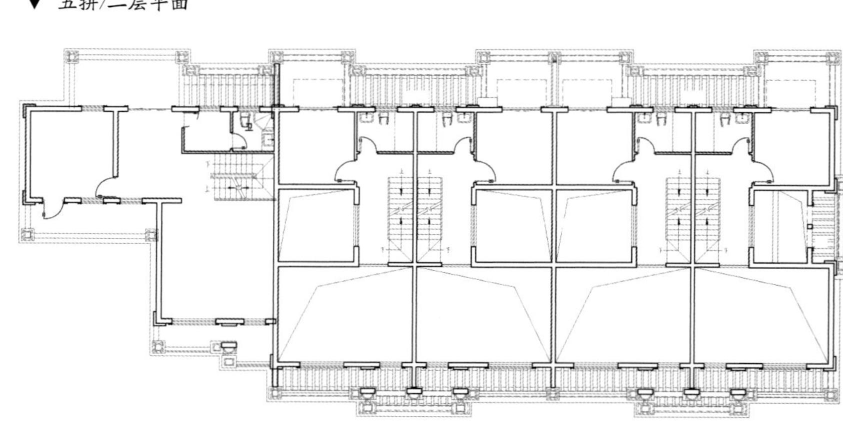

▼ 五拼/一层平面

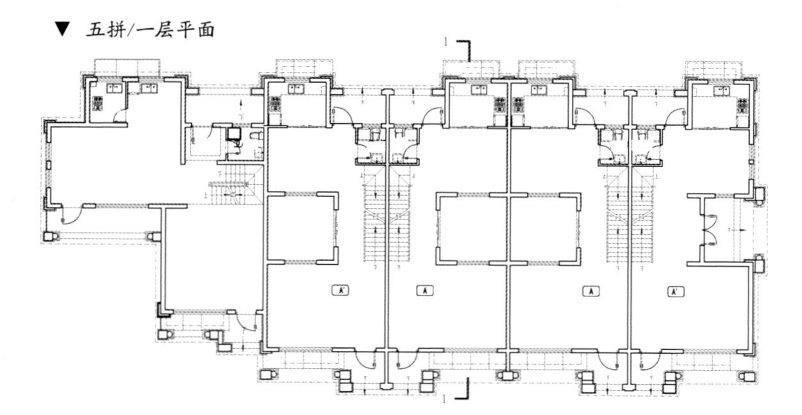

▼ 五拼/三层平面

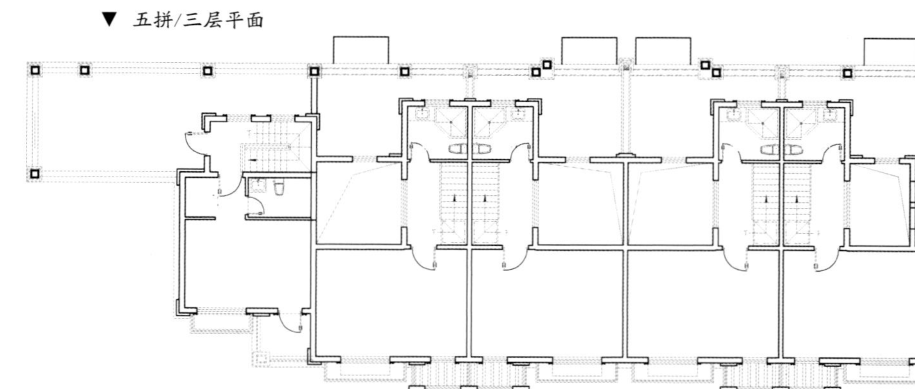

NOTES

孟莎式屋顶

孟莎式屋顶，因最早被建筑师孟莎（Jules Hardouin Mansart）广泛使用而得名。孟莎式屋顶也叫折线式屋顶或者折坡式屋顶，为四坡两折，每一坡被折线分成上下两种坡度，下部坡较上部坡陡一些，屋顶多设老虎窗，与复斜式屋顶相似。

▶ 多层/南立面

▶ 多层/东立面

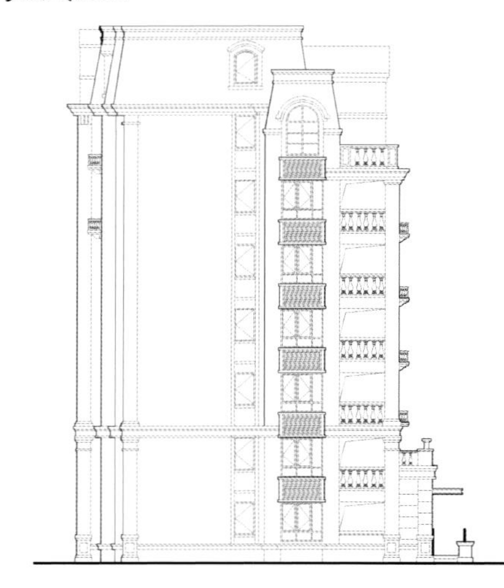

▶ 多层/北立面

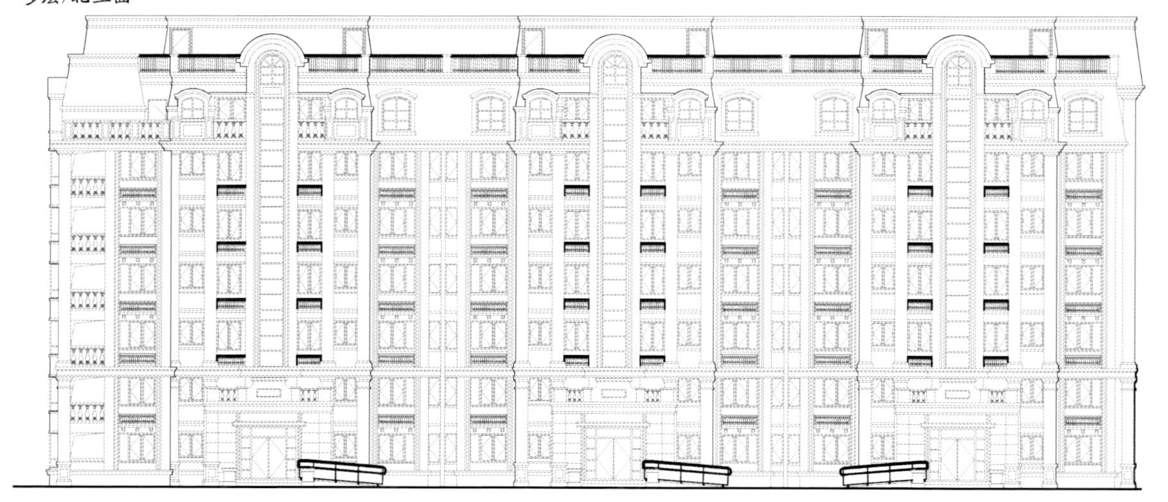

▶ 多层/西立面

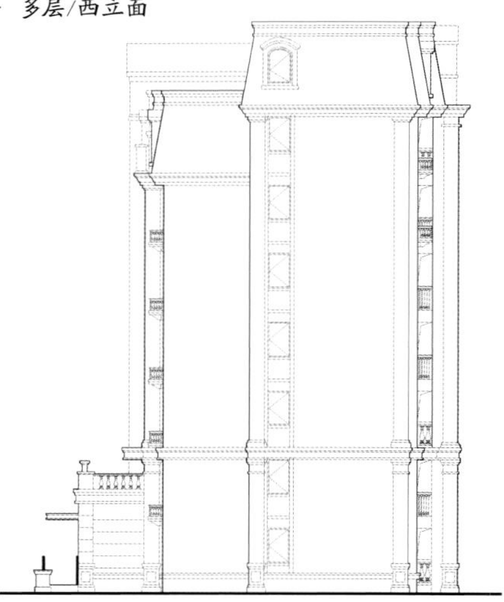

▶ 多层/层顶层平面

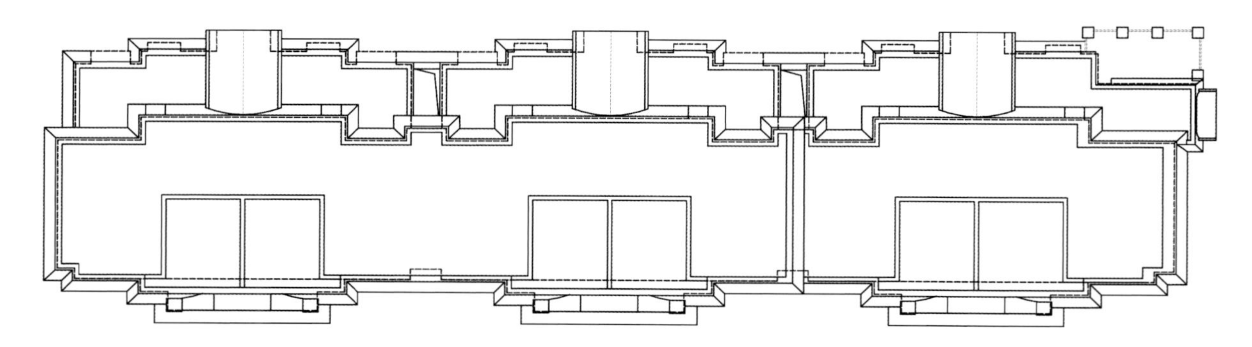

▶ 多层/阁楼层平面

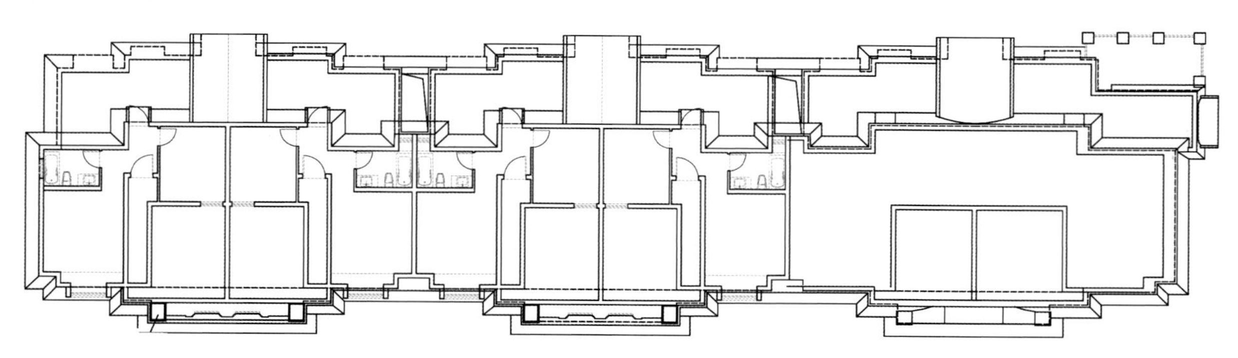

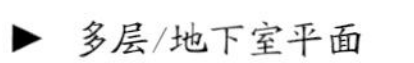

► 多层/地下室平面

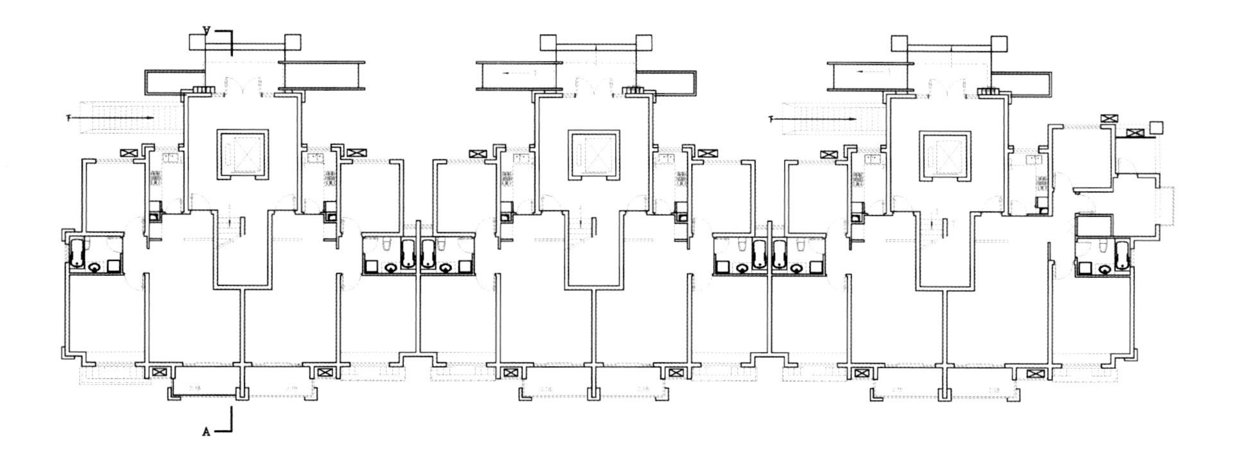

► 多层/一层平面

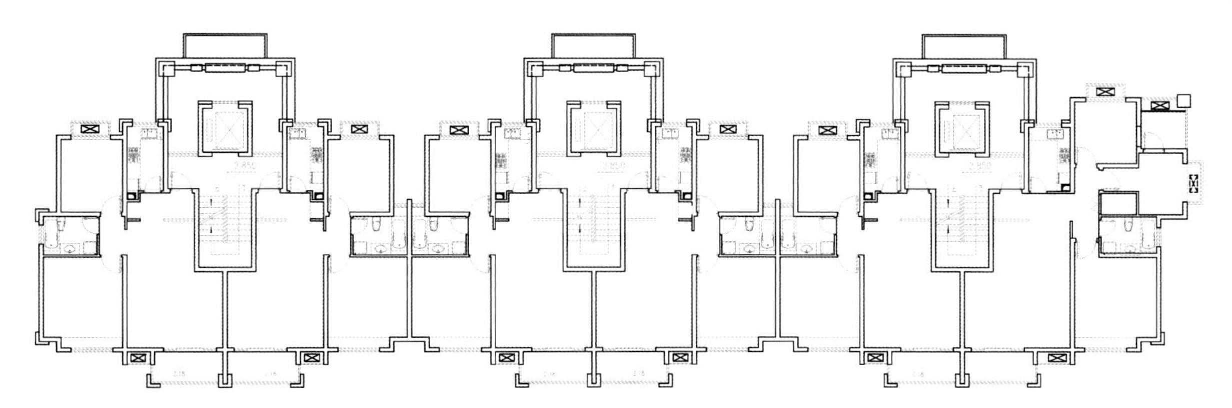

► 多层/二层平面

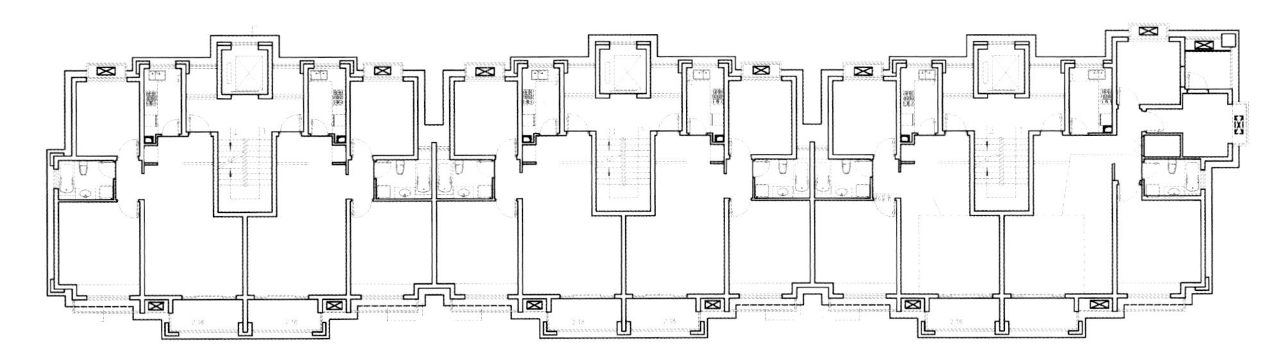

► 多层/标准层平面

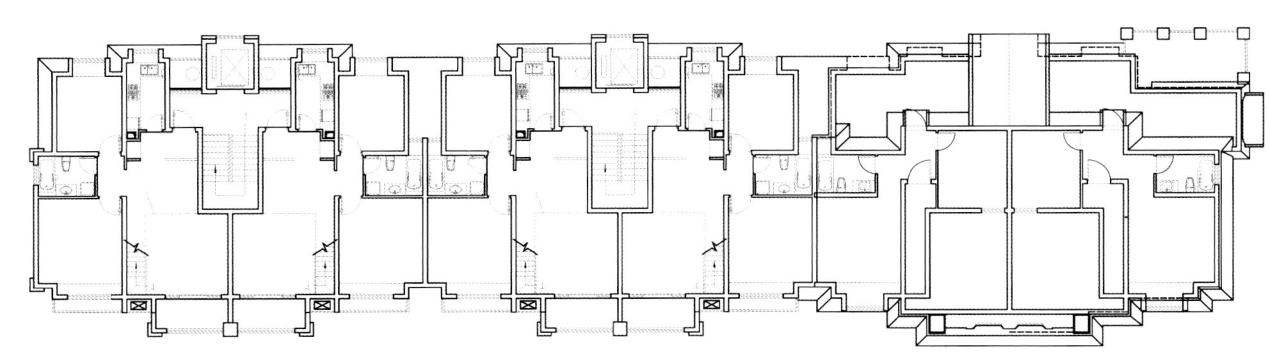

► 多层/七层平面

新法式 皇家宅院

▶ 上海万科虹桥源墅

开发商>> 上海重万置业有限公司
建筑设计>> 上海天华建筑设计有限公司
项目地点>> 上海市青浦区
占地面积>> 100 000平方米
建筑面积>> 150 000平方米
采编>> 盛随兵

风格融合：*项目建筑设计采取新经典法式风格，摒弃了复杂的装饰主义，采用石材立面，确保了建筑的高端品质。*

▶ 总平面图

国际生态人居社区

项目由3层联排别墅和10~12层的精装公寓组成，设计中始终以“人居”为基准点，规划布局强调视线、日照、通风，并讲究建筑的序列与肌理，创造出清新、简约、精致的社区形象。

在景观设计上，在小区中心部位规划了集中开放的绿地，与周边建筑相互渗透。在户型设计上，项目以人为本提供舒适弹性的精品居家生活空间。小高层公寓的主力户型为100平方米和115平方米的三房，联排别墅的主力户型为165平方米的四房。

NOTES

法式风格与石材立面

建筑的外立面是建筑风格的最直接的体现。法式风格建筑的外墙多用石材或仿石材装饰，细节处理上运用了法式廊柱、雕花、线条，制作工艺精细考究。外立面采用石材工艺，在提高建筑物安全性和耐久性的同时，有利于保持幕墙清洁美观。另外，由于外立面石材干挂工艺成本大、工艺高，且造价昂贵，因此石材外立面已成为了高端住宅的象征。

法式风格结合现代感石材

项目建筑设计采取新经典法式风格，摒弃了复杂的装饰主义，以简洁硬朗的线条设计取消了法国建筑的厚重感。

在立面细节上采用丰富、和谐的设计手法，通过高低错落的坡顶，疏密有致的节律，塑造出丰富的立面形态，立面材质主要采用面砖与石材等。

入口采用酒杯式入户设计，典雅的法式门头，美观兼顾功能，体现经典法式生活的浪漫。

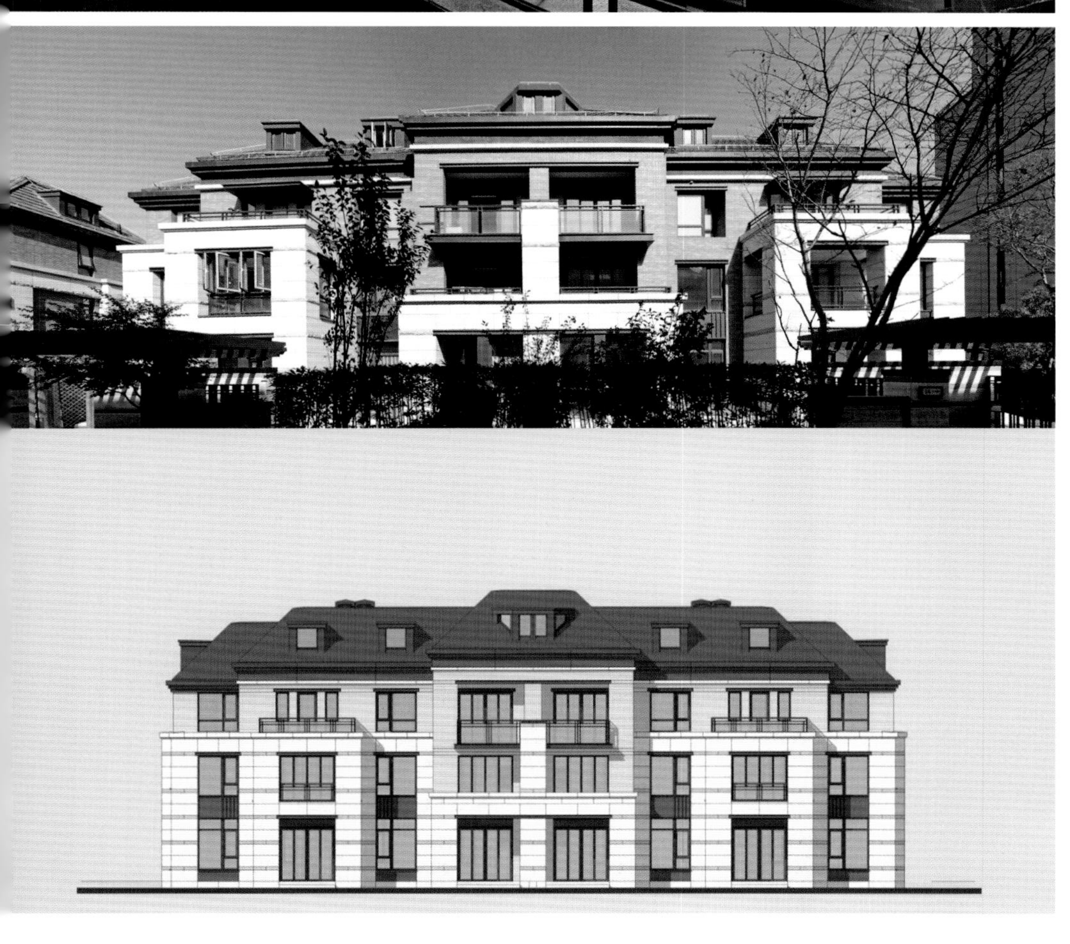

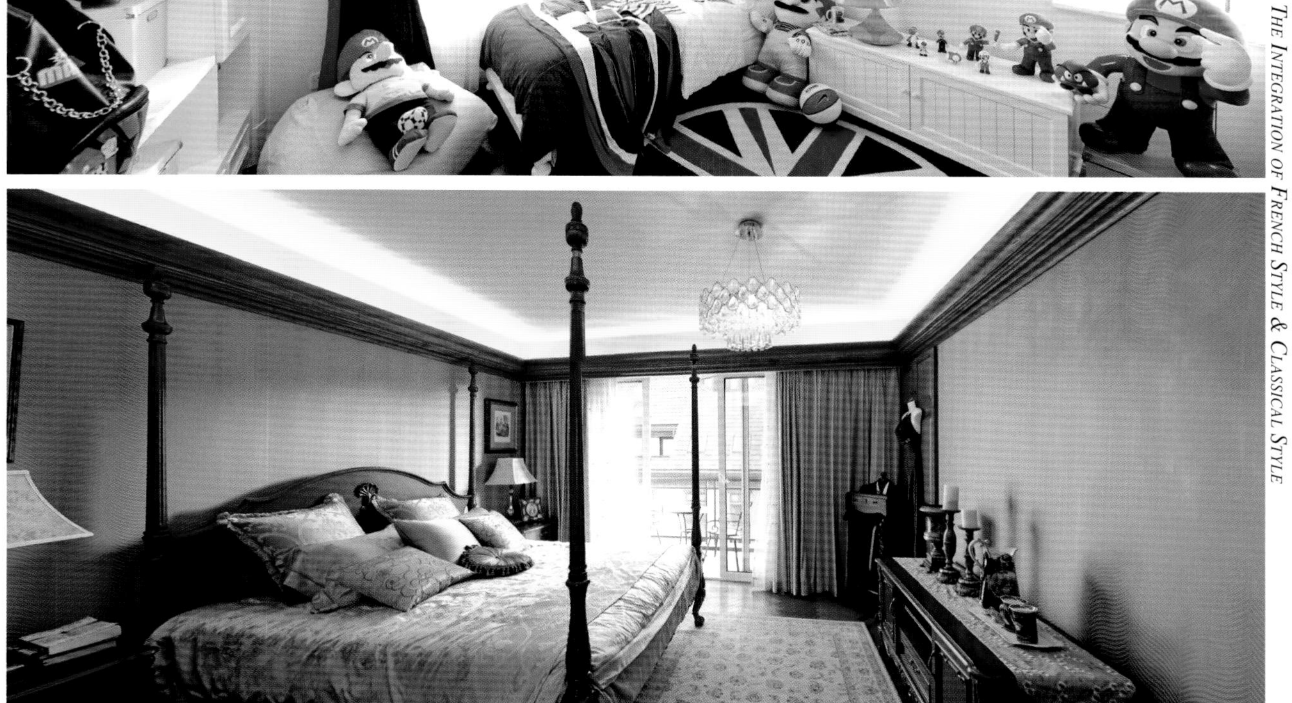

新古典主义宫廷宅院

▶ 南通和融·优山美地名邸

开发商>> 南通融邦房地产开发有限公司
规划设计>> 上海霍普建筑设计事务所有限公司
建筑设计>> 上海霍普建筑设计事务所有限公司、南通市建筑设计研究院有限公司
景观设计>> 贝尔高林国际有限公司
项目地点>> 江苏省南通市
占地面积>> 160 000平方米
采编>> 盛随兵

***风格融合：**项目采用古典与现代相结合的法式新古典主义建筑风格，以尊重自然、追求真实的艺术形式为宗旨，运用并简化法国古典建筑形式和风格特征，外观造型严谨独特，颜色稳重大气。*

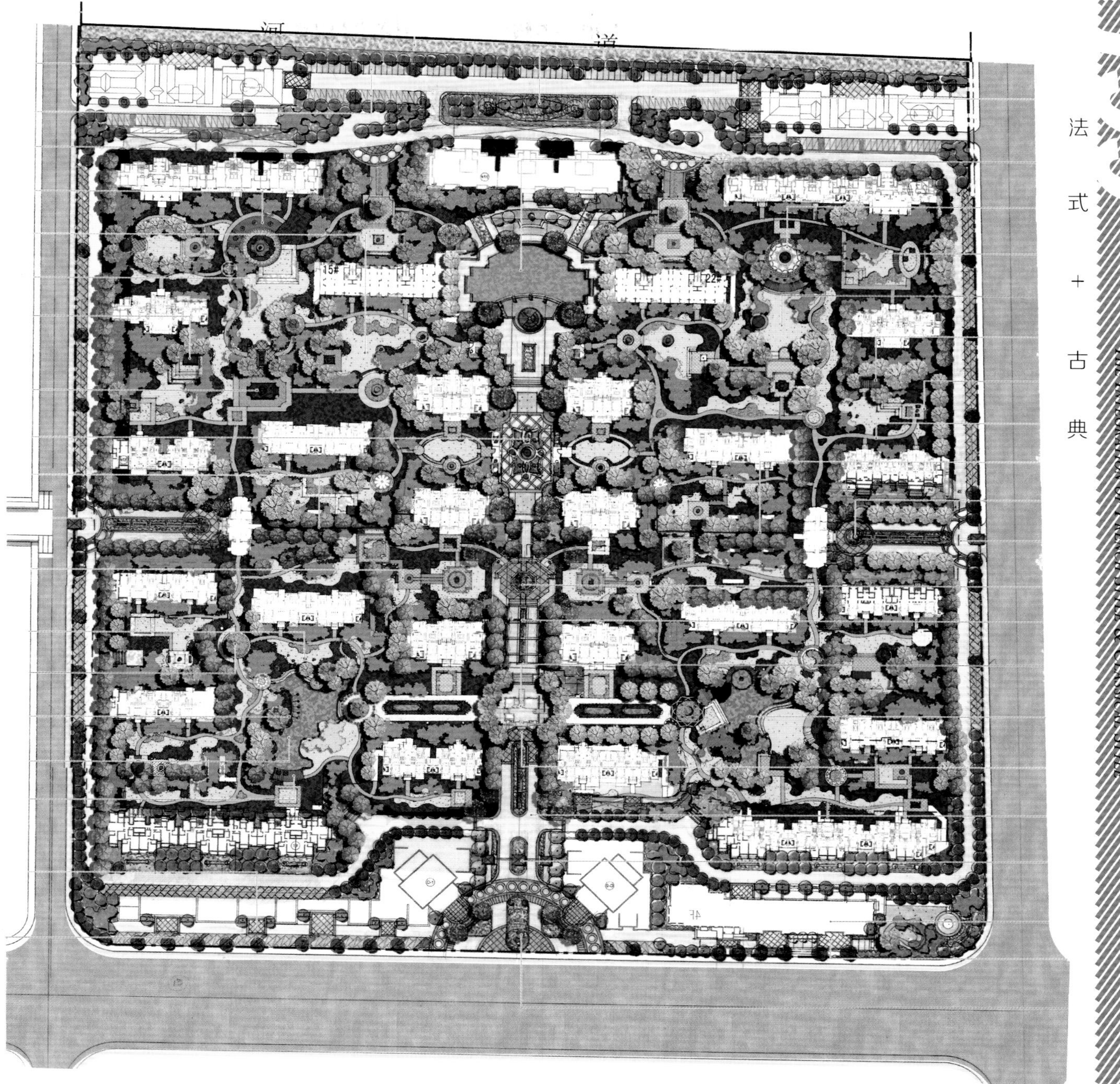

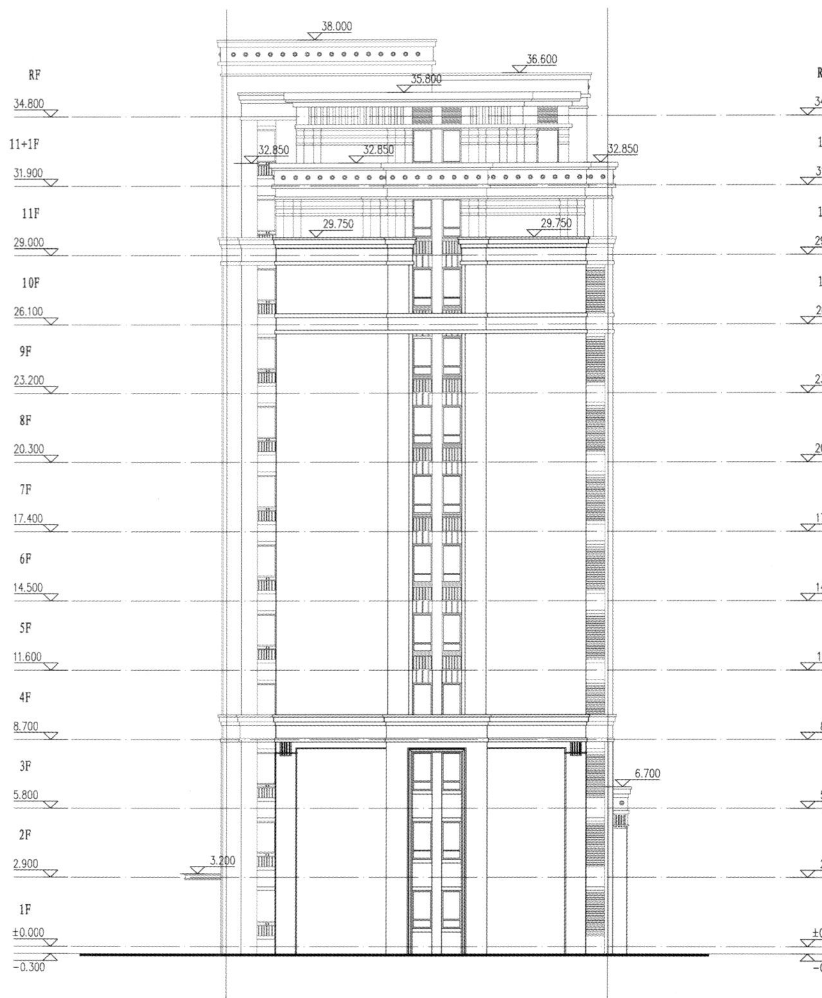

中高端法式全龄化住区

项目定位为中高端法式全龄化住区，规划有高层住宅，配套商业和托幼设施。在整体布局上以经典的法式中轴对称理念为核心。根据地块地形方正的特点，结合项目高端的设计定位，利用基地原有地貌肌理，地势、水体、道路等，将地块自然划分为四个区块，建筑排布顺应地势景观及朝向的变化，以地块中心为中轴线，将商业、组团大堂设置在中轴线上，商业、住宅、景观都以此中轴线尽量对称。

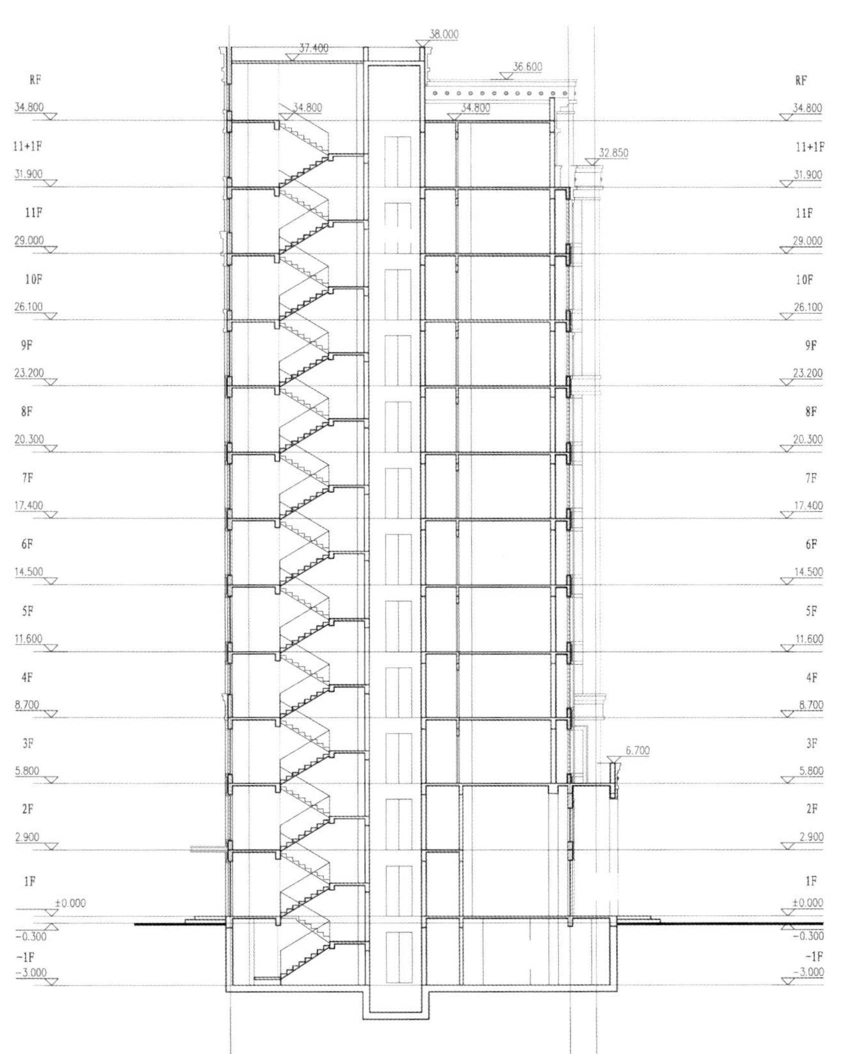
38.000
37.400
36.600
34.800
32.850
6.700
RF
34.800
11+1F
31.900
11F
29.000
10F
26.100
9F
23.200
8F
20.300
7F
17.400
6F
14.500
5F
11.600
4F
8.700
3F
5.800
2F
2.900
1F
±0.000
-0.300
-1F
-3.000

和融·桃山美地名邸

法式古典园林

景观设计整体采用法式古典园林风格。在主要轴线及出入口处采用庄重大气的景观处理手法，配以规则的水景，法式雕塑及修剪齐整的植栽，烘托出浓重的异域风情和高雅的格调。

四个组团内部的景观处理则在法式风情的基础上巧妙地融入了中式园林的造景手法，兼顾了观赏与实用性的需求，营造出具有一定私密性的居家格调景观。整个园林以浅色系为基调，配以几十种植物搭配，给人以舒适宁静的感觉。

NOTES

法式建筑风格与新古典主义

法式建筑线条鲜明，凹凸有致，尤其是外观造型独特，大量采用斜坡面，颜色稳重大气，呈现出一种华贵。

新古典主义是西方建筑艺术现代变革的产物，是对于传袭已久的古典主义风格的扬弃，既传承了古典主义那种肃穆、大气和精细之美，又摒弃了其过于繁复和浮华的表象，立足现代生活、功能、技术变化的基础上，吸收新的美感形式，从而与人们的审美标准相呼应，成为大众审美接受度较高的一种"建筑风格"。

法式古典风格结合现代立面

项目采用法式新古典风格，兼容华贵典雅与现代时尚。一方面尊重和保留新材质和色彩的自然风格，摒弃过于复杂的肌理和装饰，简化线条，保持现代而简洁的审美倾向。另一方面，通过准确的比例调整和精致的细节设计突显传统的历史痕迹与浑厚的文化底蕴，精致、端庄、对称。

建筑立面处理得细腻典雅，以体现自然、亲和的“家”的气质与形态。住宅立面采用新古典与现代结合的风格，与周围环境相协调，并丰富了住宅建筑造型与户外空间效果。

▶ 平面图

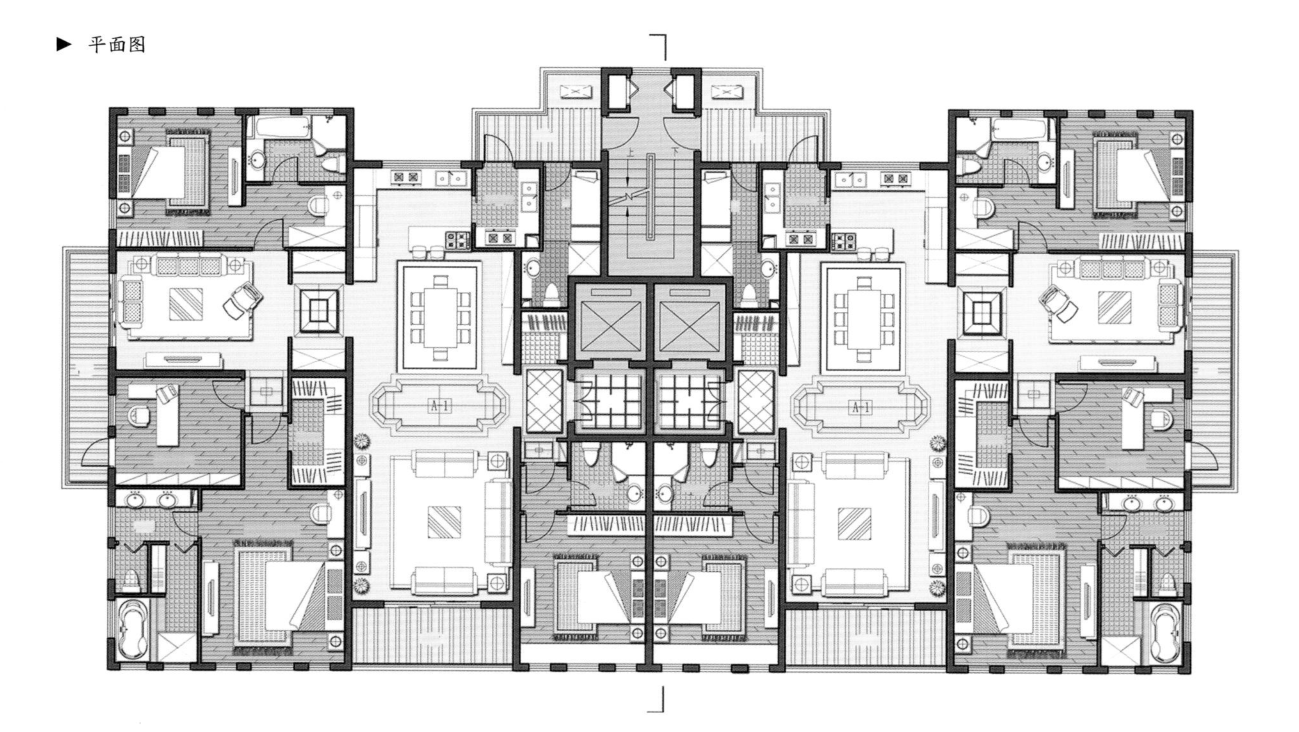

“十字”型空间

户型设计以舒适豪华为原则，强调大厅的活动空间，主卧室与起居室全部朝南，采用“十字”型空间，体现尊贵感。豪华户型充分考虑其端头的景观优势，设置有东西向的家庭室。同时，每套户型安排合理的半室外阳台空间。

古典三段式设计

▶ 北京西斯莱公馆

开发商>> 绿地集团
建筑设计>> UA国际
项目地点>> 北京市大兴区
占地面积>> 163 400平方米
建筑面积>> 401 500平方米
采编>> 盛随兵

***风格融合：**项目建筑设计尝试住宅外观公建化，体量上遵从古典横竖三段式的构图法则，外立面全部采用封闭阳台的做法，营造出内敛、雄浑大气的不同于以往的住宅形象。*

总平面图

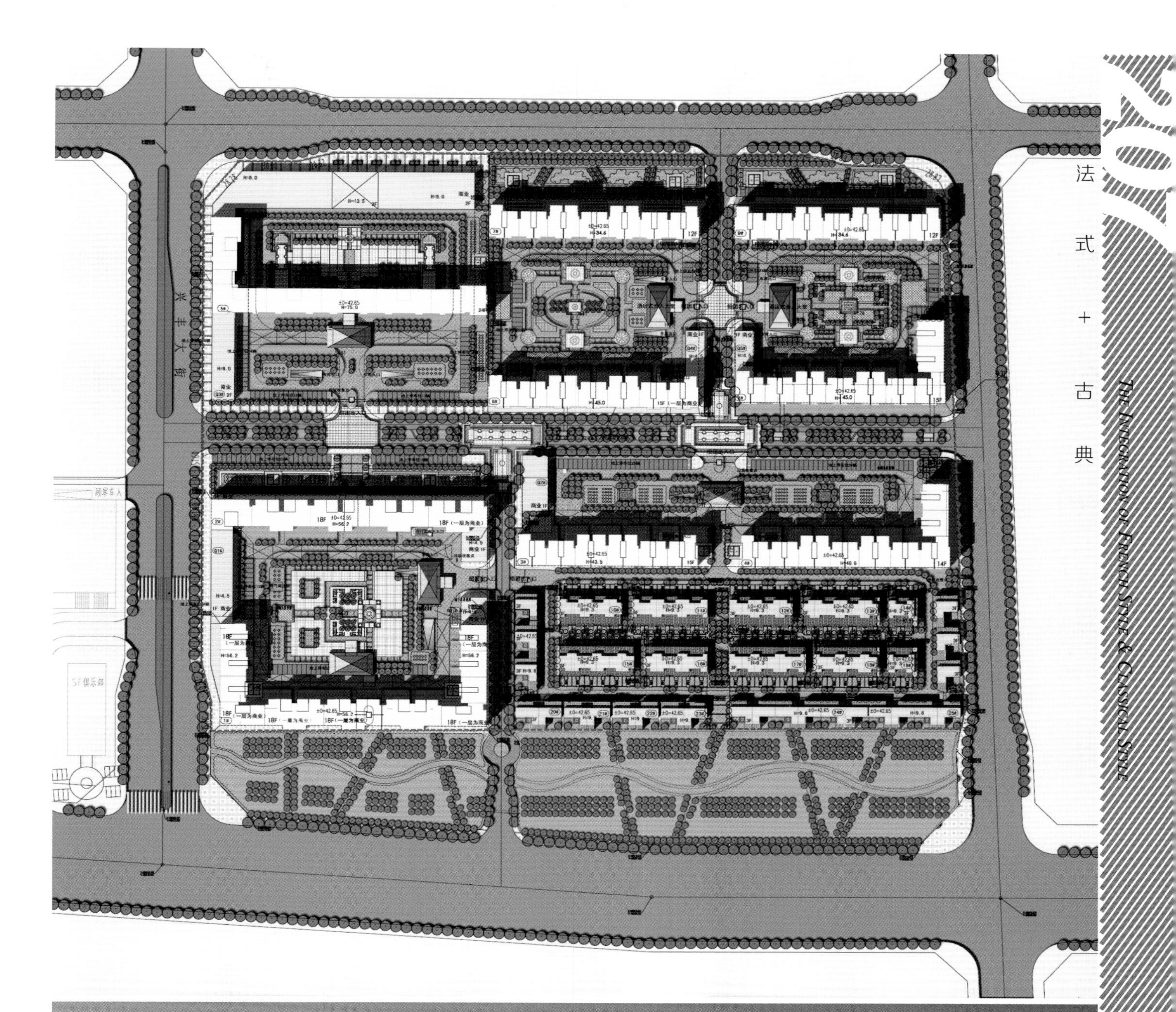

法式风情文化社区

项目试图通过规划现有用地，形成对内私密含蓄的空间形态，对外营造法式风情综合型城市社区形象，并通过设置高层、小高层及低密度产品类型的方式构筑各元素之间的空间关系来达到空间的组合和渗透。项目从规划手段至建筑单体及景观设计中都采用浓厚的法式风格，以营造一种全新的理想居住体验。

精细化户型

产品设计中，综合考虑北京当地的居住习惯，同时充分结合精细化户型设计手法，不同部位的公寓根据不同需求进行不同设计。在面积一定的情况下，充分考虑内部居住空间结构的合理性、紧凑性、舒适性，注重室内空间的营造，从内而外地反映理想的居住空间体验。

华大街
乐园路
LEYUAN Rd
丰路口

现代手法简化古典法式风格

高层组团通过建筑本身围合的布局及法式的建筑风格，打造“城堡式”高档居住社区。造型设计中，避免对传统法式风格建筑的“生搬硬抄”。保留古典法式建筑的比例虚实关系，对原先法式繁琐复杂的线脚融合现代手法进行简化，同时注重不同尺度的细部营造，打造现代高端法式高层公寓形象。

法式宫廷大花园

组团内部希望形成相对私密含蓄的空间形态，避免过多的城市干扰对居住品质的影响。景观设计结合本身规划及建筑设计中的轴线对称关系，采用法式宫廷大花园设计手法，提供大尺度组团绿化，打造成为具有标志性特征的社区景观空间。地块西北侧高层公寓更是打造前后双庭院，提升整个单体建筑的空间品质。

法式古典艺术庭院

▶ 清远万科华府

开发商>> 广州万科
建筑设计>> 唯士国际设计与发展有限公司（香港 · 上海）
项目地点>> 广东省清远市
占地面积>> 79 200平方米
建筑面积>> 383 300平方米
采编>> 盛随兵

***风格融合：**项目建筑外形采用法式及新古典主义风格，其中高层建筑采用法式古典风格与现代建筑设计手法，造型上力求沉稳、大气、经典、挺拔；商业建筑亦传承了法式经典建筑的优雅、高贵和浪漫。*

轴线对称式建筑布局

项目定位于城市中心高尚住宅，由16栋高层组成，户型以90平方米～140平方米的三房和四房为主，带精装修。

项目住宅建筑布局采用古典的轴线对称布置手法，一条主轴线贯穿其中，轴线两侧各排建筑之间形成系列的组团空间，这一系列的组团空间和建筑使得整个小区围合成一个较大的公共景观，连续性较强，空间层次丰富，形成独特的韵律和节奏。

九大景观组团

园林保持与建筑群楼风格统一，采用法式新古典主义风格。整个园林分为九大景观，包括老人活动区、儿童活动区、多功能活动大草坪、下沉庭院与泳池区、商业内街区、遛狗公园等等。

景观设计以贯穿基地绿化带为主线，通过环路结合点、线、面绿化，带状绿化把各个组团有机连接，各部分自成一体又互相交融。

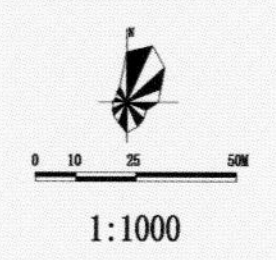

1:1000

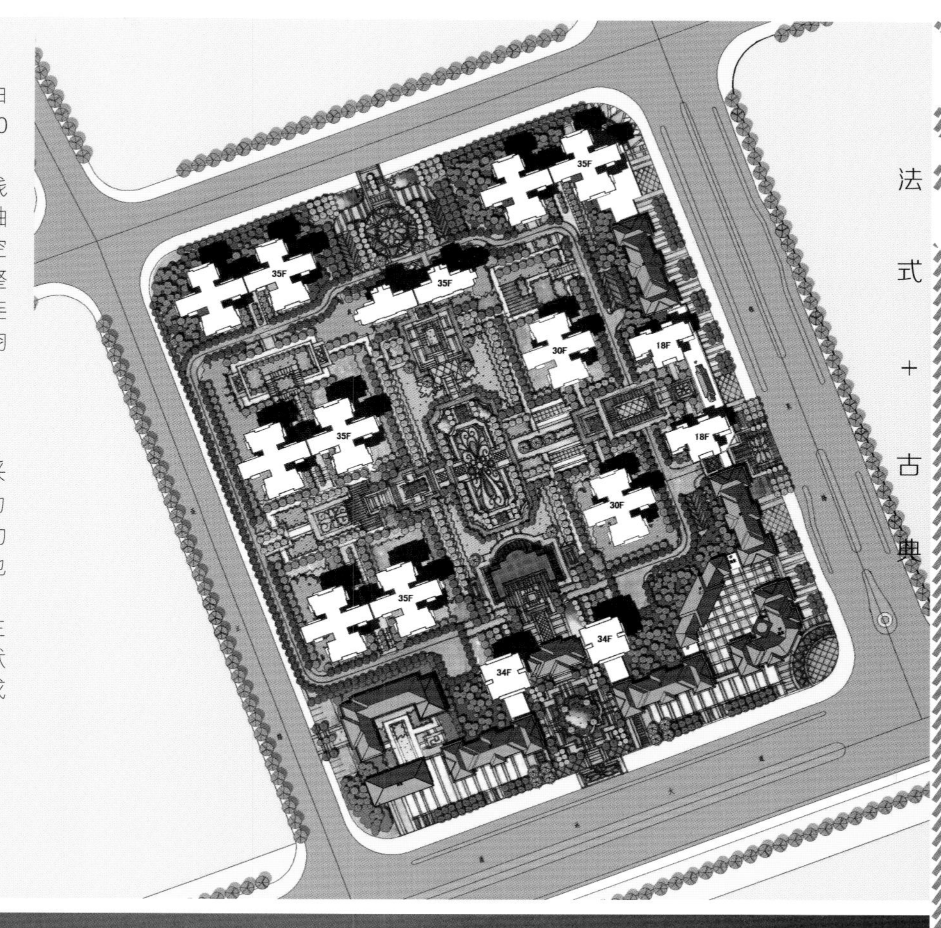

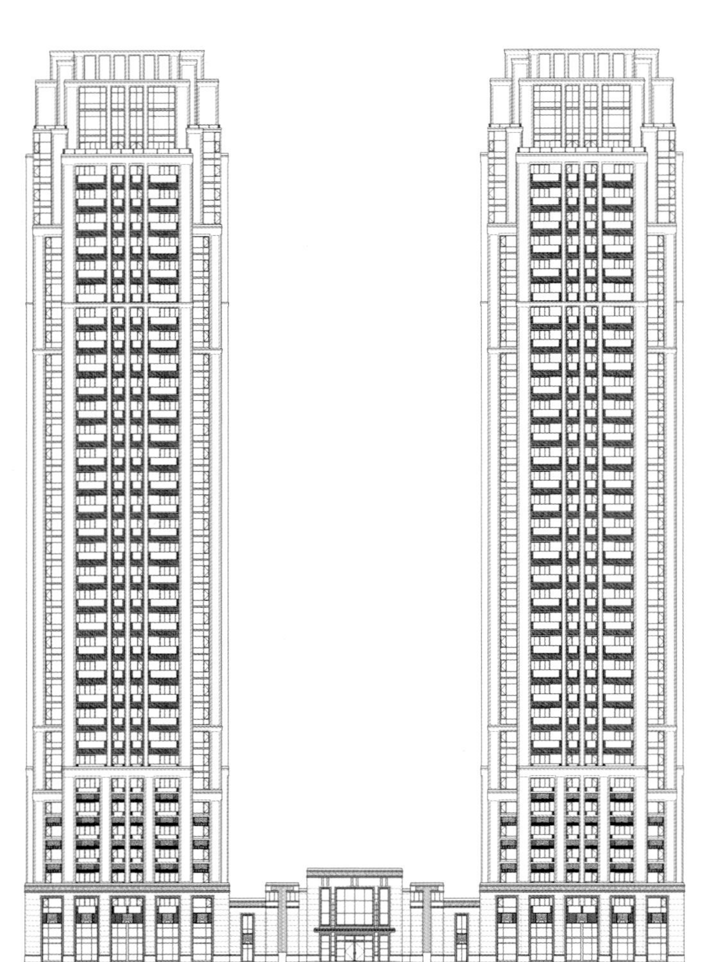

▼ B3\B4楼立面图

法式古典风格结合现代设计

高层建筑采用法式古典风格与现代建筑设计手法，造型上力求沉稳、大气、经典、挺拔。在立面处理上注重垂直线条以及墙面和窗的比例关系，运用光与影来塑造建筑形象，运用材料的质感与肌理变化来造型。基底内所有建筑均统一在新古典风格特征下，形成崭新的现代城市风貌。

商业建筑亦传承了法式经典建筑的优雅、高贵和浪漫。典雅的深灰色坡屋顶，厚山花、柱式、雕花等精致考究的细节处理，以及底层结实厚重、中层虚实相映的柱式、顶部水平向厚檐的三段式立面等，尽显新古典主义风格的高贵。

▼ B3\B4楼一层平面

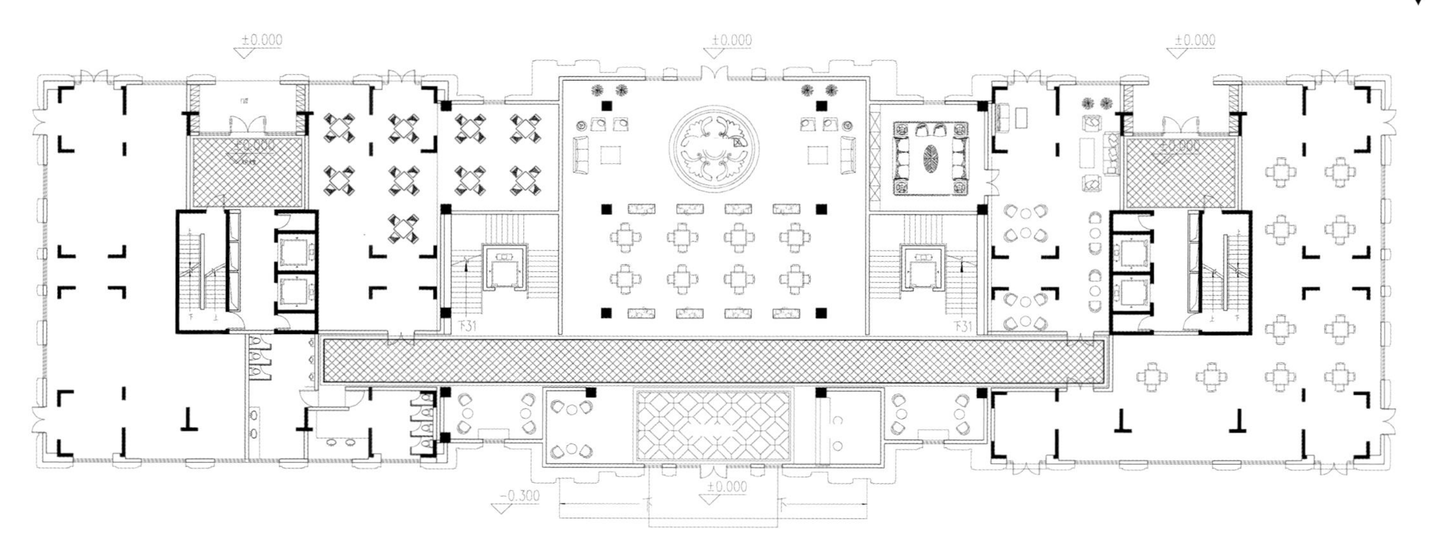

erine

▼ 商业立面

Catherine

▼ 商业平面

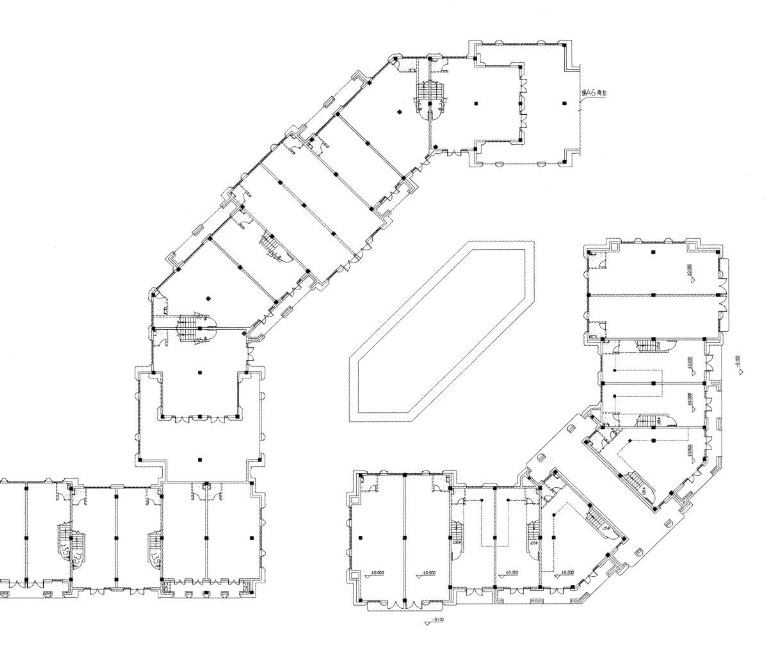

法式设计
古典韵味

▶ 扬州华润橡树湾

开发商>> 华润置地（扬州）有限公司
建筑设计>> 上海华东发展城建设计（集团）有限公司
项目地点>> 江苏省扬州市
总建筑面积>> 约276 345.13平方米
采编>> 盛随兵

风格融合：*项目融合古典元素与法式元素的精华，造型注重设计的现代性和情感性良好的结合，突出本设计与当下流行式样的差异。适度的细节设计使建筑的质感和高雅的品质砰然而出。*

总平面图

中兴路
主入口

“第四代”人文精品社区

项目作为“橡树湾系”全新升级之作，在充分吸收北京橡树湾的人文气质，上海橡树湾的自然品质，苏州橡树湾的法式园林精髓后，以法式建筑结合对扬州高端生活的领悟，开创的“第四代”人文豪宅精品社区。

项目主要由高层和花园洋房组成，高层户型涵盖90平方米以下的两房、以及120平方米和140平方米左右的三房；洋房户型为150平方米至200平方米，设有下沉庭院。

橡树湾
OAK•BAY

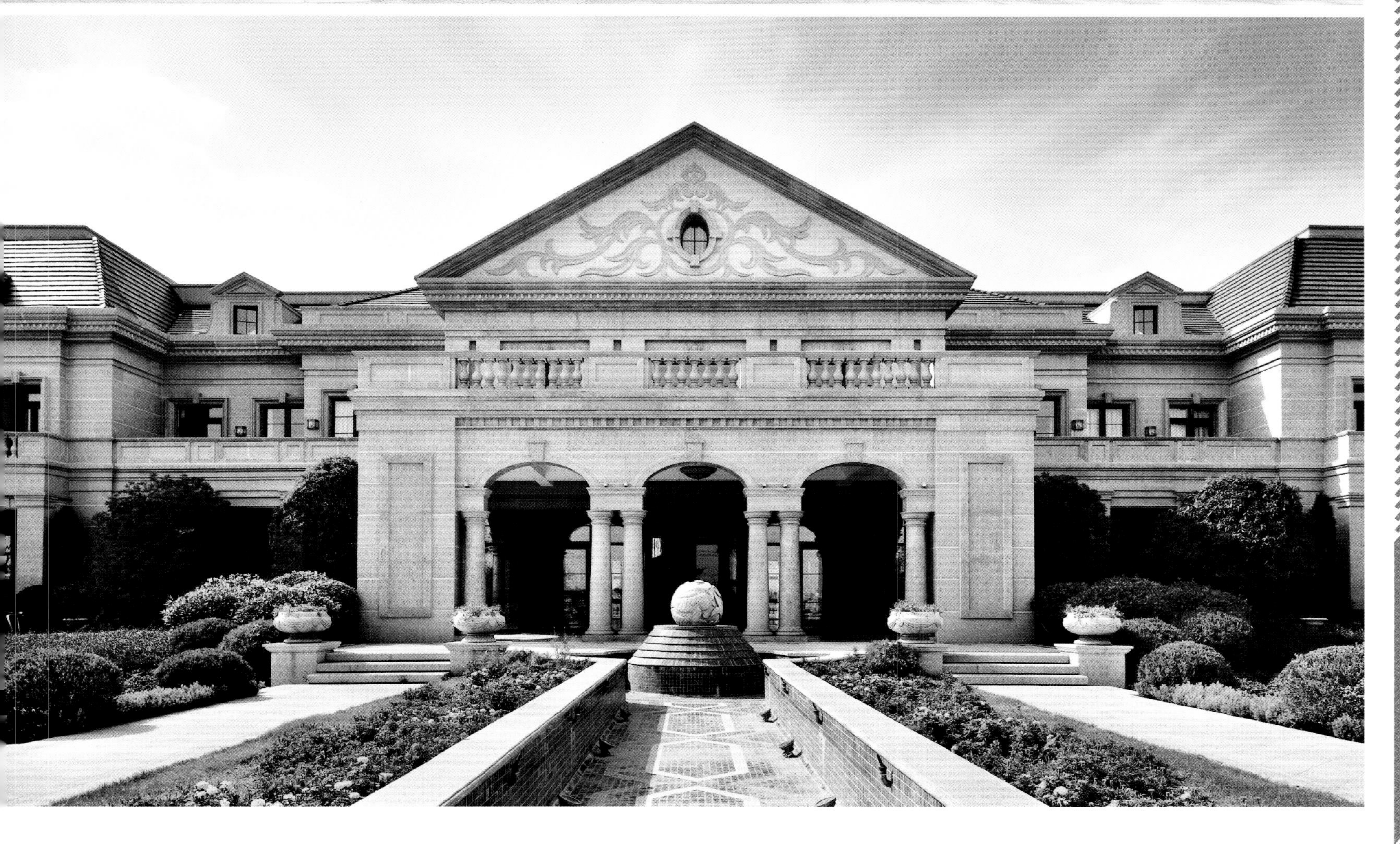

NOTES

法式与新古典风格建筑特点

法式建筑线条鲜明，凹凸有致，十分推崇优雅、高贵和浪漫，追求建筑的诗意、诗境，力求在气质上给人深度的感染。尤其是外观造型独特，大量采用斜坡面，颜色稳重大气，呈现出一种华贵、自然之美。

新古典主义风格，更像是一种多元化的思考方式，将怀古的浪漫情怀与现代人对生活的需求相结合，兼容华贵典雅与时尚现代，反映出后工业时代个性化的美学观点和文化品位。

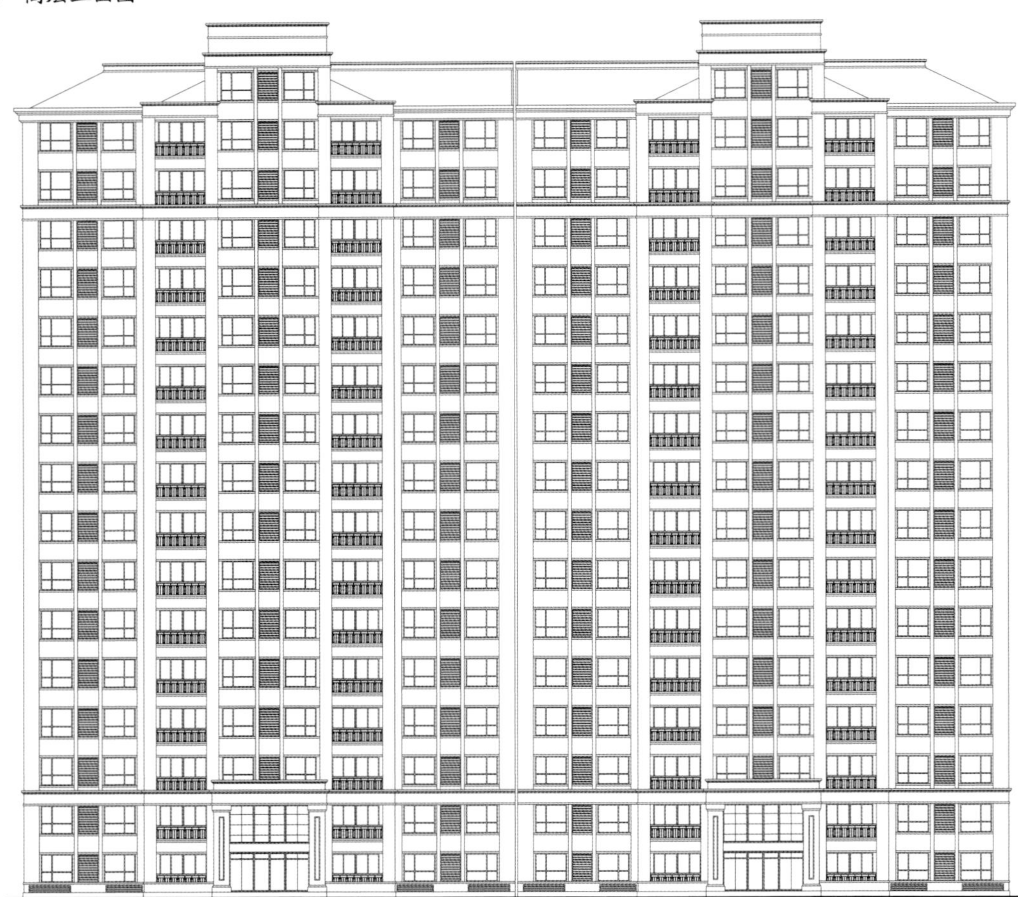

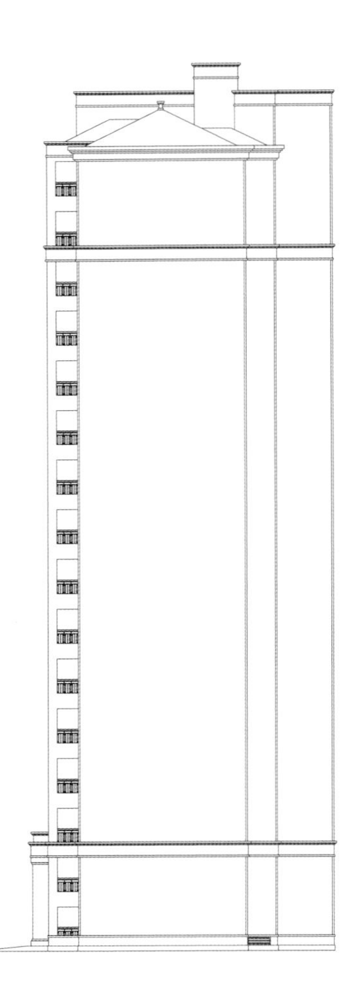

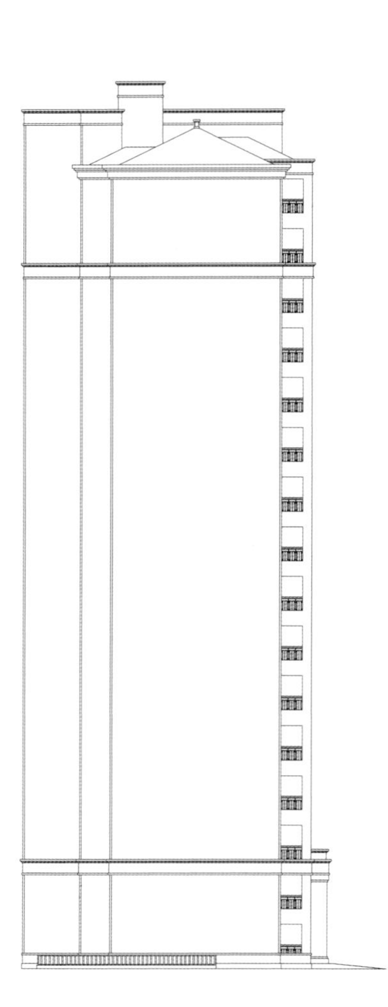

▼ 高层剖面图

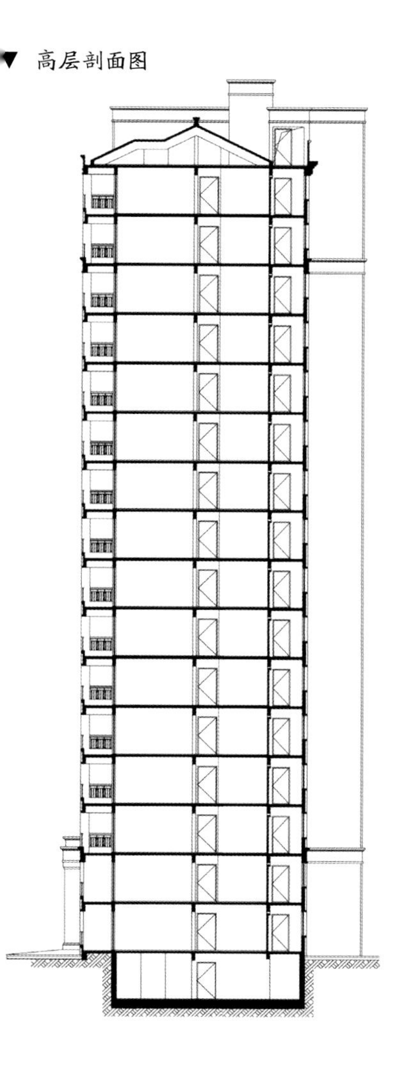

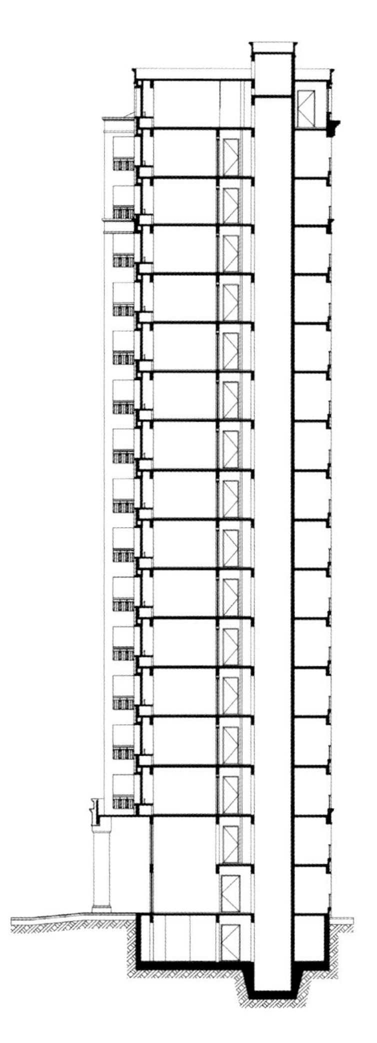

▼ 洋房立面图

▼ 洋房立面图

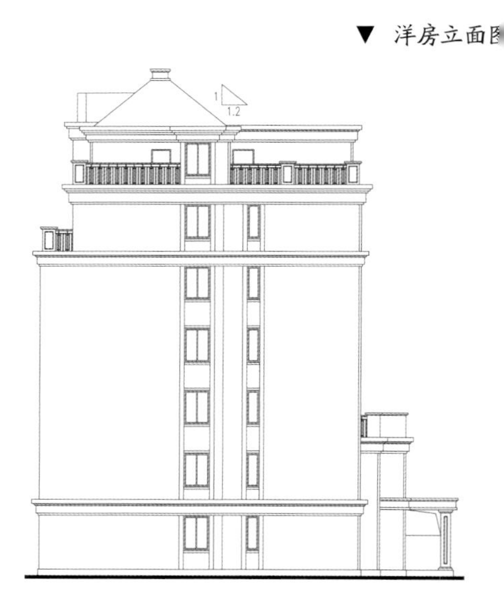

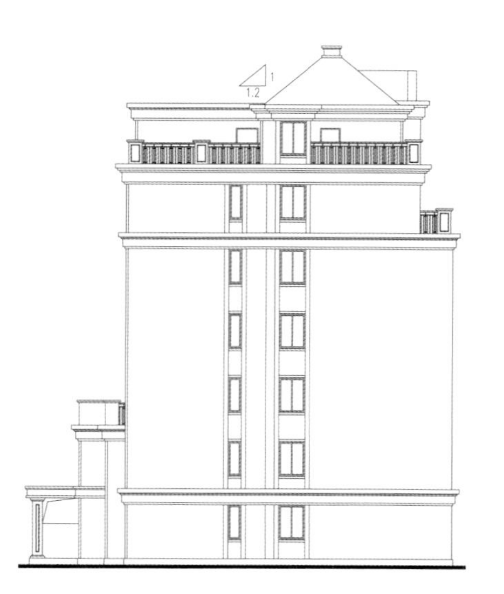

▼ 洋房剖面图

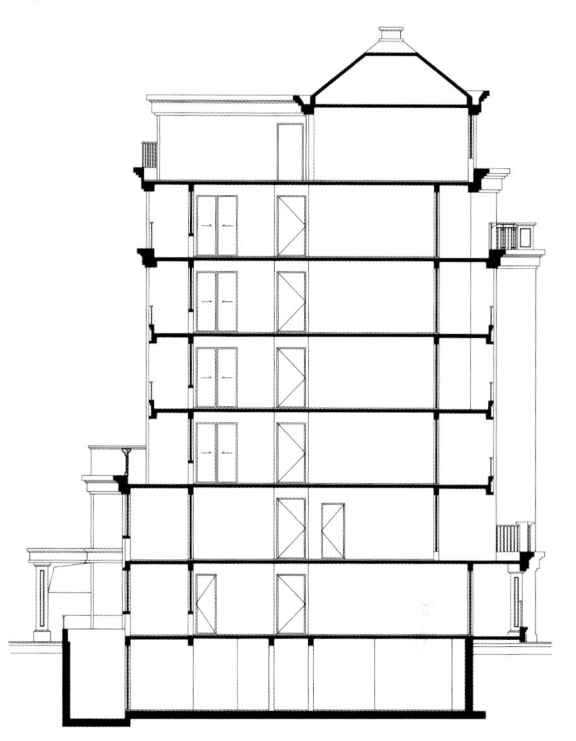

三段式构图结合坡屋面

建筑设计采取法式新古典主义风格，立面上采用经典的三段式构图，注重比例和尺度，同时运用形体的变化，结合坡屋面的细节设计，以及色彩的搭配，使建筑整体庄重又不呆板。

适度的细节设计既不繁复堆砌，又不失可细细把玩之处。建筑外立面基座部分采用天然石材，中段墙身采用面砖和涂料的结合，顶部采用机制瓦屋面。

整体色调呈暖色，体现细腻的质感和高雅的建筑质量。外立面充分考虑室外空调机及雨水管对立面的影响，合理地安排其位置，并使用百叶对其进行遮蔽，使其成为建筑的有机部分，保证外立面的完整性。

多层次立体景观

项目坚持“井然有序，均衡匀称”，充分利用原有自然景观资源，使整个社区内外由环境串联成有机整体，散发出强烈的皇家仪式感。

各主次入口均通过景观轴线与中心景观形成对景，由主入口开始的主轴和东、西侧入口至中心广场的次轴形成了整个小区的主干框架，并由小区内部步行道路，将各个组团之间的空间节点紧密地联系起来，形成了相互渗透的多层次的空间形态。

现代+古典 将古典主义艺术精髓和现代建筑的简约格调巧妙融合，兼得古典的建筑比例和精致的细节与现代建筑简洁的线条，追求居住的舒适度与品位。

现代+古典风格建筑具备古典韵味的同时，又不乏现代感。造型上力求沉稳、大气、经典、挺拔；外立面比例现代工整，强调韵律与节奏，外墙采用面砖、石材、透明玻璃、涂料等材料，外观设计大气，以暖色调为主；建筑细节上运用极富特色的经典元素，如廊柱、雕花、和线条等，重视整体的装饰性。整体设计通过造型变化、色彩搭配和细节处理，充分展现古典和现代交融的建筑效果。

关键词：现代感 典雅韵味

新古典主义风情社区

▶ 杭州万科金色家园

开发商>> 杭州万科容大房地产有限公司
建筑设计>> 上海都易建筑设计有限公司
项目地点>> 浙江省富阳市
占地面积>> 55 576平方米
建筑面积>> 130 000平方米
采编>> 盛随兵

风格融合：*项目将新古典主义风格的典雅与现代建筑设计手法完美结合，整体建筑形象独特、轻巧，富于光影变化和错落的轮廓，在现代的居住氛围里渗透出传统文脉的亲切气息。*

▲ 总平面图

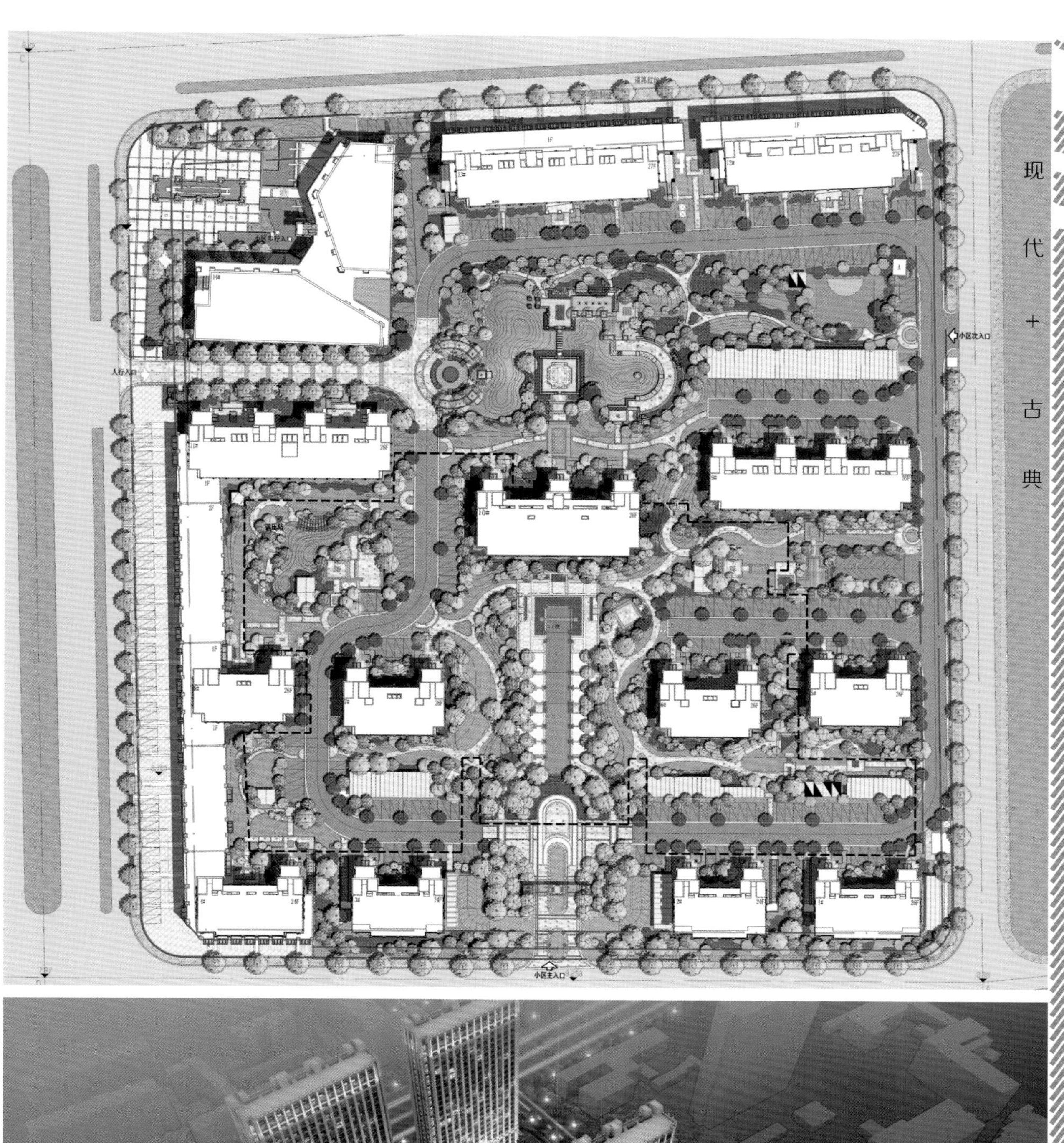

新古典主义建筑风格

新古典主义的设计风格其实就是经过改良的古典主义风格。一方面保留了材质、色彩的大致风格，仍然可以很强烈地感受传统的历史痕迹与浑厚的文化底蕴，同时又摒弃了过于复杂的肌理和装饰，简化了线条。

围合式花园社区

本案为万科进入富阳后打造的第一个大型住宅社区，由13栋24～28层住宅及部分商业建筑组成。项目整体规划以中轴线呈现两翼规整对仗，建筑之间最大的栋距可达100米。中央区域由一栋板式和四栋点式高层围合形成110米纵深的中轴景观，气势恢宏，开合收放有序，为各组团提供了优美的中心景观。主力户型为139平方米的三房，以及178平方米的四房。作为万科品牌的中高端产品系，项目客户群体以富阳本地人为主。

东南亚风情园林

本案将小区内景与社区外景相互融合，利用建筑自然围合出5个主题景观园林。沿轴设计布局的大道、蜿蜒路、组团绿地等相互渗透，层层推进，使每一个窗户都拥有极佳的视野景观。5个主题景观园林则吸取东南亚风情园林的精致与细腻，利用泰式凉亭、特色铺装、水景小品铺展出热带风情的绚丽情趣。

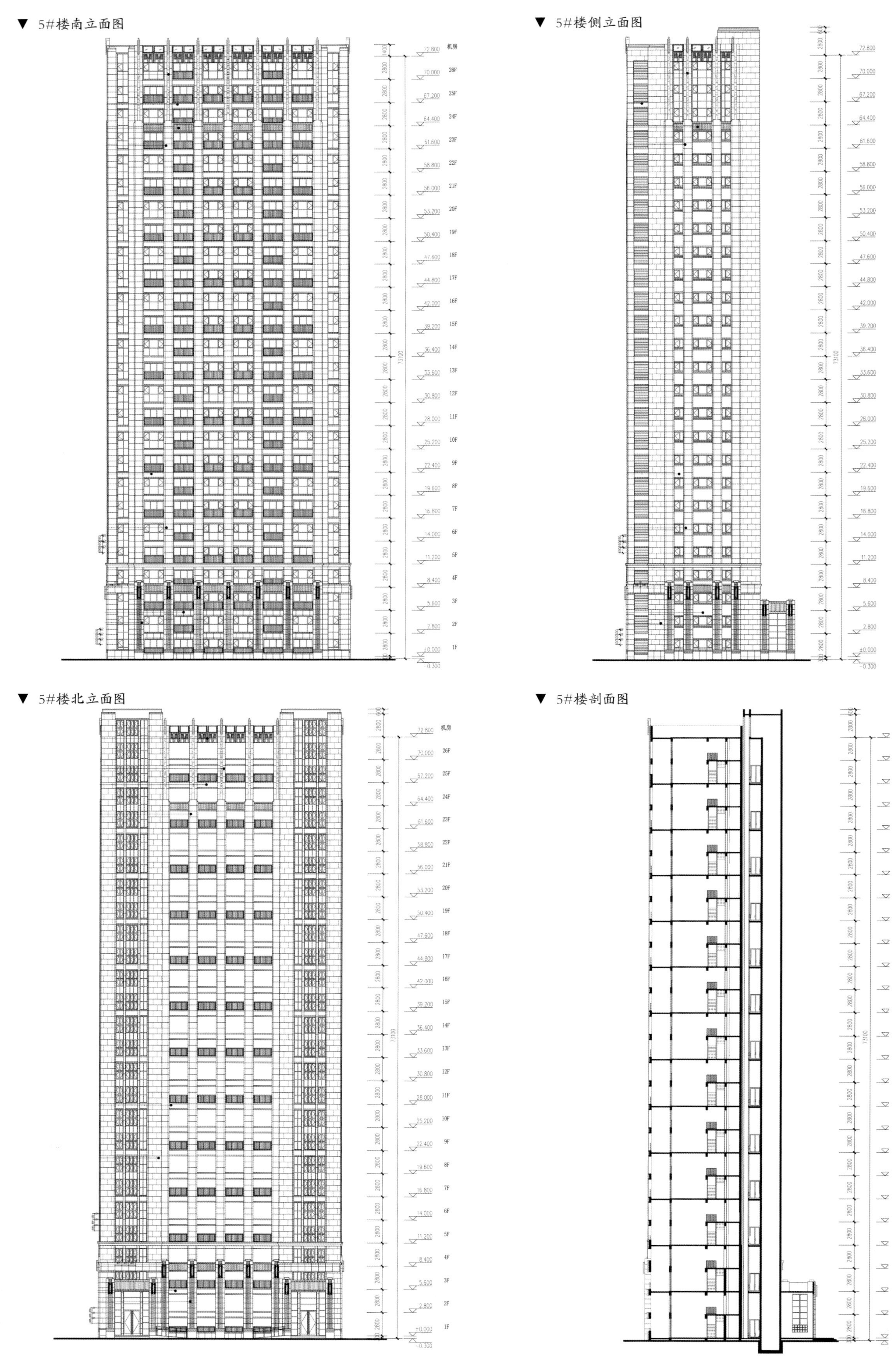
▼ 5#楼南立面图
▼ 5#楼侧立面图
▼ 5#楼北立面图
▼ 5#楼剖面图

古典风格结合现代设计

本案将新古典主义风格的典雅与现代建筑设计手法完美结合，造型上力求沉稳、大气、经典、挺拔。住宅建筑单体在立面上由下至上均分为三个层次，基座层（3层），中间部分及顶部部分（3层）。立面上整体强调竖向线条，以加强建筑的挺拔感觉。

在材料与色泽的运用上，外立面的大幅面玻璃与稳重色调，使建筑尊崇而不失现代感。主体墙面采用仿石面真石漆，宽大的基座饰以天然石材，整体建筑体现一种强烈的向上感；同时，通过窗的不同比例，外墙的凹凸变化来表现建筑外墙的丰富变化。

古典艺术与现代建筑糅合

▶ 郑州高速·奥兰花园

开发商>> 河南高速房地产开发有限公司
项目地点>> 郑州市郑东新区
建筑设计>> 上海联创建筑设计有限公司
占地面积>> 105 216.7平方米
建筑面积>> 458 000平方米
采编>> 盛随兵

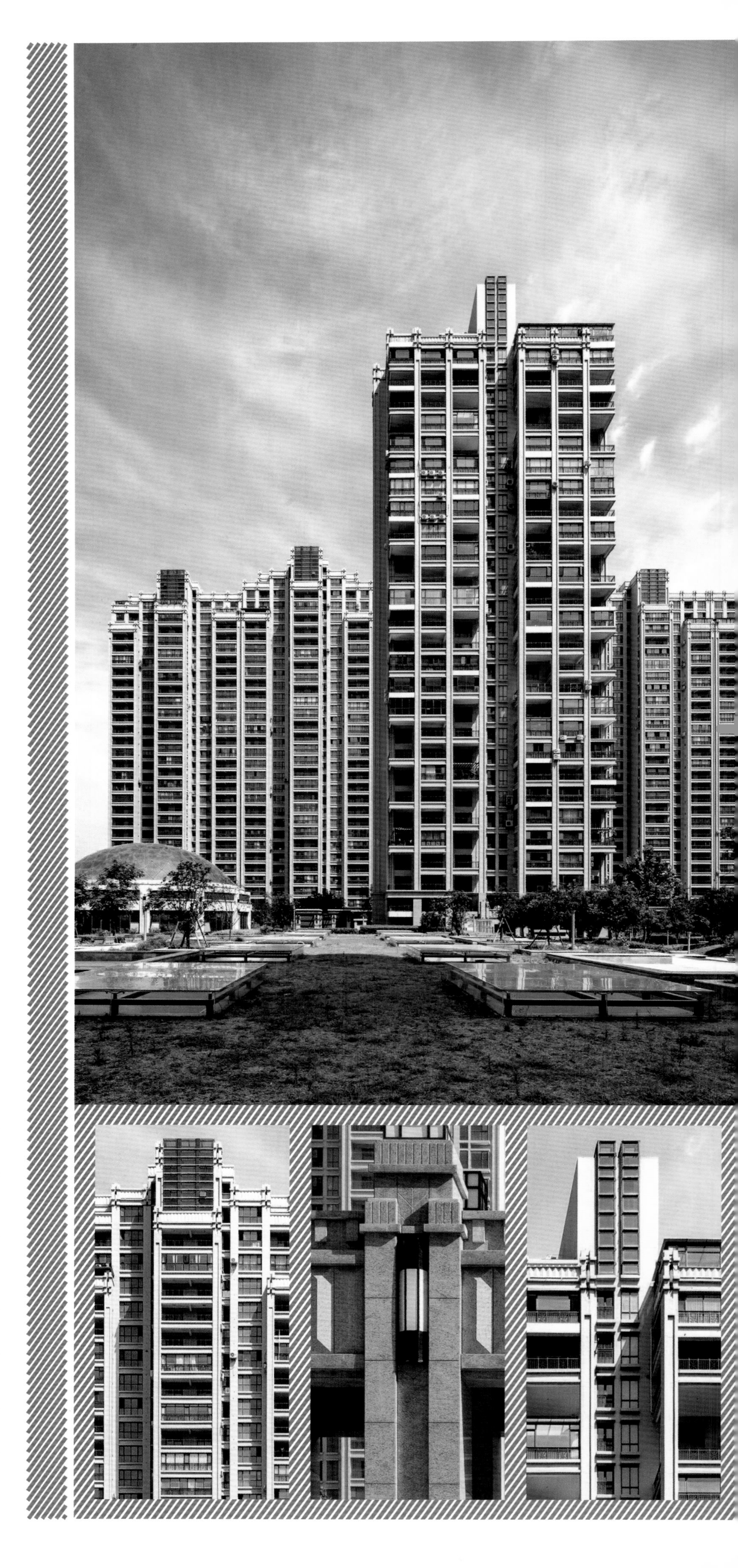

风格融合： *项目采用现代建筑与古典艺术相结合的建筑立面造型，用现代材料完成几何构造轮廓，以丰富的线条装饰为特点，并灵活运用重复、对称、渐变等美学法则，创造出一种全新的、独具生命力的建筑形象。*

大型综合性社区

项目位于郑东新区东风东路与郑汴路处北，毗邻亚洲最大的客运站郑州火车东站与郑州地铁1号线，交通便利。项目在郑州率先引入了两层地下阳光车库、建筑底层架空、室内标准游泳馆、60米景观大道、亲子户型等众多创新理念，建成后将成为一个集居住、办公、酒店、商业于一体的大型综合性社区。

四明户型

房型以二室两厅一卫和三室两厅两卫为主。设计中注重人体生活尺度的把握，亲切而又经济合理。布局上注重室内环境的营造，强调自然采光及通风，尽量按明厅、明厨、明卫、明梯布置设计。

户型设计注重动静、干湿分区，交通流线简捷顺畅，有平窗、凸窗及一步窗等，既注重住户的私密性，也注重室外景观对室内（如主卧室）的渗透，从而提升小区的品质。

一环两轴多组团空间结构

一环指小区的环形主干道，住户拾级而上到达主干道，然后可以便捷抵达各个组团，穿过组团花园入户；两轴指自南大门起，止于中心会所的南北景观轴和自西大门起，贯穿步行商业风情街的东西景观轴。住户可乘自动扶梯到达小区入口平台，俯瞰整个中心湖面。

多组团指多组团式的景观结构单元，形成多元化的空间结构体系，为居民营造多样性的生活空间。

NOTES

Art Deco建筑风格

"Art Deco"意即"装饰艺术",是从新古典主义过渡到现代主义之间的一种艺术风格,最早起源于20世纪20~30年代的法国,并迅速流行于建筑、家具、珠宝等设计中。Art Deco应用于建筑风格,往往突出外立面竖向线条的使用,常外挂面砖、天然石材等,同时,其建筑装饰会尝试新鲜元素的使用,如钢铁、玻璃等,旨在追求建筑作品的个性与不可复制性,因此也被视为尊贵奢华的代名词。

艺术现代风格

立面设计借鉴了Art Deco建筑风格，将古典主义艺术精髓和现代建筑的简约格调巧妙融合，兼得古典的建筑比例和精致的细节与现代建筑简洁的线条，为现代都市生活注入一个新的理念。

东部SOHO公寓和集中商业的立面设计采取了公建化的处理手法，形态简洁自然而又精致典雅。另外，高层住宅底部两层及沿街商业均采用天然石材饰面，住宅楼上部墙面为淡咖啡色面砖，局部采用石材、铝板饰件加以点缀，充分展现古典和现代交融的建筑效果。

古典艺术现代科技

▶ 上海南翔朗诗绿色街区

开发商>> 上海朗诗
建筑设计>> 上海日清建筑设计有限公司
项目地点>> 上海市嘉定区
占地面积>> 46 000平方米
建筑面积>> 82 800平方米
采编>> 盛随兵

风格融合：*项目的建筑设计试图采用古典的设计手法来诠释现代建筑，外立面采用较为明快的红色与米色元素穿插设计，建筑造型现代新颖，风格简约且富于变化。*

▼ 总平面图

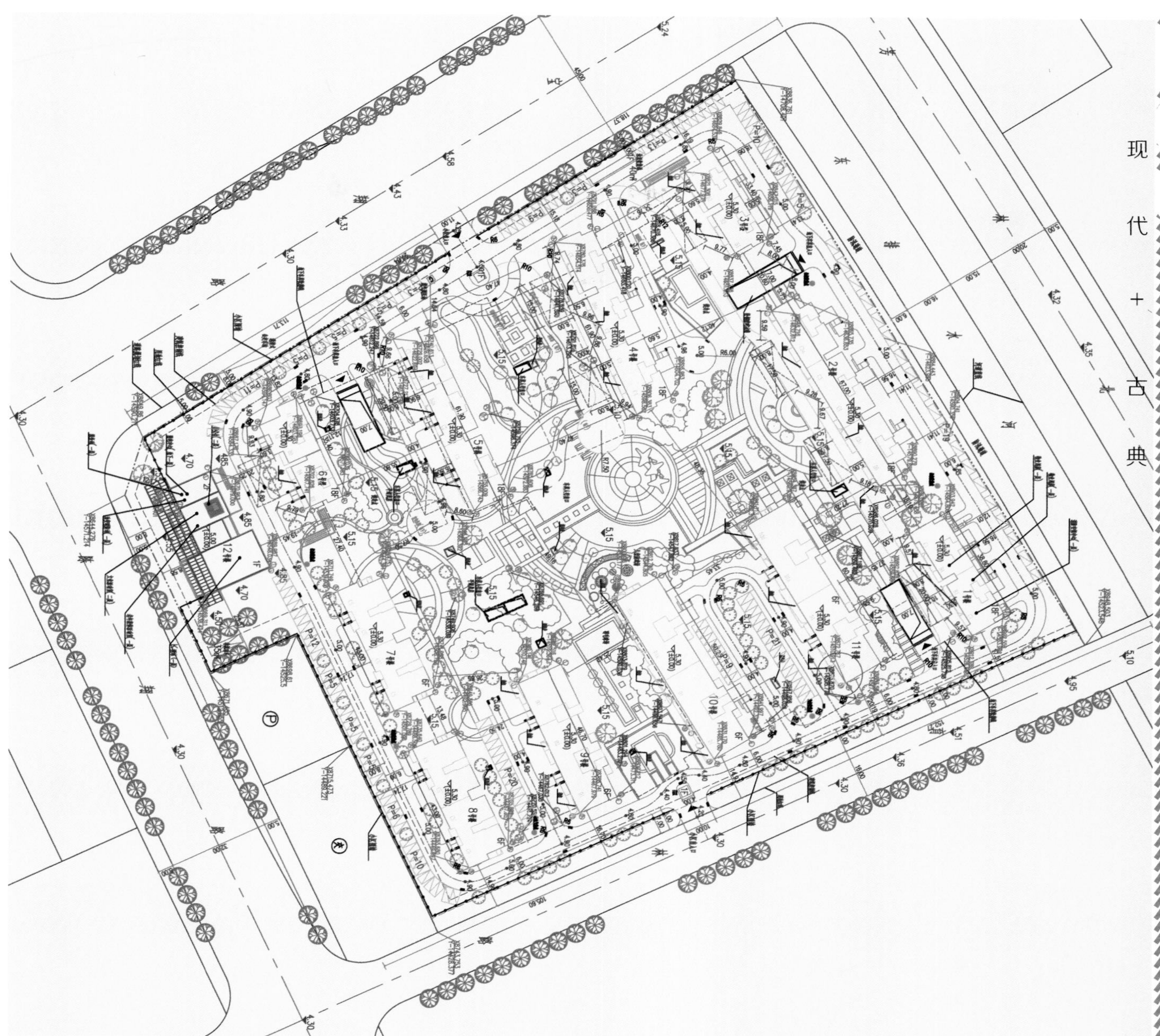

NOTES

混凝土顶棚辐射系统

混凝土顶棚辐射系统通过预埋在混凝土楼板中的均布水管，依靠常温水为冷热媒来进行制冷制热。夏季送水温度为20℃左右，回水温度为26℃左右；冬季送水温度28℃左右，回水温度为20℃左右，温差加热或制冷混凝土楼板，再通过楼板以辐射方式进行传热，调节室内温度。

绿色科技节能住宅

项目定位为高品质住宅社区，由6栋18层高层和5栋6层多层住宅组成。住宅建筑采取围合形式，中央为小区集中绿化。户型的面积段约为86平方米～250平方米，可满足不同购房者的置业需求。

通过朗诗绿色节能科技的应用，结合高附加值的户型、优美的社区景观环境、典雅的建筑形态、完善的配套设置，为业主创造一个布局合理、功能齐备、交通便捷、绿意盎然的高科技“健康、舒适、节能”的未来式住宅。

科技节能设计

项目采用地源热泵技术和顶棚辐射等系统，从地下常温层中提取能量，再由顶棚辐射的科技方式传导至室内，可以保证各个角落的室温均匀分布，且无吹风感。

引入的外墙保温系统，以先进环保的节能方式实现室内适温，有效解决了空调综合症、潮湿黄梅天等恶劣天气的困扰。

古典手法融入现代元素

为达到较高的建筑体型系数，项目的建筑形体较为方正，而古典三段式结构设计则赋予了建筑造型的层次变化。

建筑立面材料选取石材和仿石涂料，沿用朗诗建筑一贯的红色元素，同时创造性地将米色元素穿插其中，从而形成丰富的视觉变化。

建筑细节处理强调精致实用，通过对外窗及阳台的统一设计，使立面形象明快清晰。

Art Deco元素 现代艺术

▶ 天津经纬城市绿洲

开发商>> 经纬置地（天津）有限公司
建筑设计>> 上海黄浦建筑设计有限公司
景观设计>> 上海水石国际景观环境设计有限公司
项目地点>> 天津市滨海新区
.占地面积>> 600 000平方米
采编>> 张培华

***风格融合：**项目的建筑集大成、时尚、生态于一身，在采取Art Deco风格设计的同时，融入现代艺术元素，使整体建筑外形在现代感中透出高贵典雅的韵味。*

▼ 总平面图

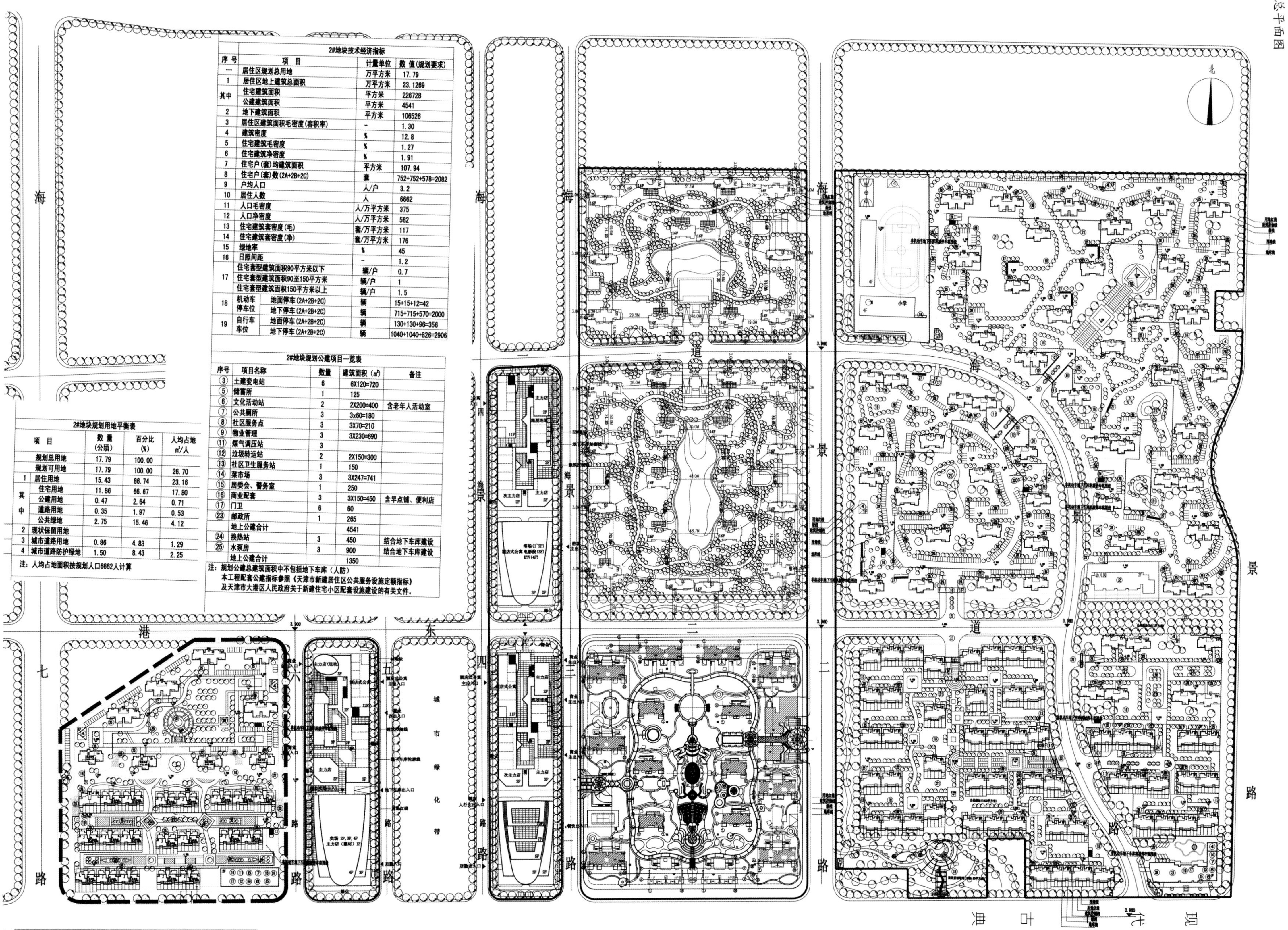

2#地块技术经济指标

序号	项目		计量单位	数值(规划要求)
一	居住区规划总用地		万平方米	17.79
1	居住区地上建筑总面积		万平方米	23.1269
其中	住宅建筑面积		平方米	226728
	公建建筑面积		平方米	4541
2	地下建筑面积		平方米	106526
3	居住区建筑面积毛密度(容积率)		-	1.30
4	建筑密度		%	12.8
5	住宅建筑毛密度		%	1.27
6	住宅建筑净密度		%	1.91
7	住宅户(套)均建筑面积		平方米	107.94
8	住宅户(套)数(2A+2B+2C)		套	752+752+578=2082
9	户均人口		人/户	3.2
10	居住人数		人	6662
11	人口毛密度		人/万平方米	375
12	人口净密度		人/万平方米	562
13	住宅建筑套密度(毛)		套/万平方米	117
14	住宅建筑套密度(净)		套/万平方米	176
15	绿地率		%	45
16	日照间距		-	1.2
17	住宅套型建筑面积90平方米以下		辆/户	0.7
	住宅套型建筑面积90至150平方米		辆/户	1
	住宅套型建筑面积150平方米以上		辆/户	1.5
18	机动车停车位	地面停车(2A+2B+2C)	辆	15+15+12=42
		地下停车(2A+2B+2C)	辆	715+715+570=2000
19	自行车车位	地面停车(2A+2B+2C)	辆	130+130+96=356
		地下停车(2A+2B+2C)	辆	1040+1040+826=2906

2#地块规划公建项目一览表

序号	项目名称	数量	建筑面积(m²)	备注
③	土建变电站	6	6X120=720	
⑤	储蓄所	1	125	
⑥	文化活动站	2	2X200=400	含老年人活动室
⑦	公共厕所	3	3x60=180	
⑧	社区服务点	3	3X70=210	
⑨	物业管理	3	3X230=690	
⑪	煤气调压站	3		
⑫	垃圾转运站	2	2X150=300	
⑬	社区卫生服务站	1	150	
⑭	菜市场	3	3X247=741	
⑮	居委会、警务室	1	250	
⑯	商业配套	3	3X150=450	含早点铺、便利店
⑰	门卫	6	60	
㉓	邮政所	1	265	
	地上公建合计		4541	
㉔	换热站	3	450	结合地下车库建设
㉕	水泵房	3	900	结合地下车库建设
	地上公建合计		1350	

注：规划公建总建筑面积中不包括地下车库（人防）
本工程配套公建指标参照《天津市新建居住区公共服务设施定额指标》
及天津市大港区人民政府关于新建住宅小区配套设施建设的有关文件。

2#地块规划用地平衡表

项目		数量(公顷)	百分比(%)	人均占地 m²/人
	规划总用地	17.79	100.00	
	规划可用地	17.79	100.00	26.70
1	居住用地	15.43	86.74	23.16
其中	住宅用地	11.86	66.67	17.80
	公建用地	0.47	2.64	0.71
	道路用地	0.35	1.97	0.53
	公共绿地	2.75	15.46	4.12
2	现状保留用地			
3	城市道路用地	0.86	4.83	1.29
4	城市道路防护绿地	1.50	8.43	2.25

注：人均占地面积按规划人口6662人计算

亲海型生态新城

项目定位为集未来大港区行政文化中心、商贸中心、居住中心为一体的亲海型生态新城，其中居住中心一期海通园由16栋11～17层的小高层组成。

项目在规划设计中以人作为设计的中心和主要度量标准，保持整个区域的生态平衡。其人性化标准主要体现在地下车库和户型设计上：项目采取“人车分流”的模式，以地下停车为主，辅以少量地上停车；在户型设计上，92平方米～144平方米的两房和三房，其个性化空间设计可满足不同的需求。

布绿洲

360°全景园林体系

在园林规划上，采用360度全景园林体系，5重垂直绿化系统，6层景观体系，30 000株全冠移植名贵树种，千余种珍稀花卉，城市森林与城市花园、园林生态交叉呈现。

项目的景观亮点除了台地园林，还有滨海首创下沉广场。轴线对称布局，细节中凸显精致，人文小品园林植被相映生色，给人以舒畅、和谐、自然、古朴的生态感。

KING

KING
BOOK SHOP

KING
KING
KING
COFFEE BAR
ICE CREAM SHOP
CAKE SHOP
GIFT SHOP

經緯城市緑洲

KING

Art Deco元素融合现代艺术

建筑设计上采用Art Deco风格，水平曲线形态的造型设计的建筑立面，体现了韵律与诗意，建筑整体风格简约，现代感中透出高贵典雅的韵味。

在细节上，采用氟碳喷漆、断桥铝合金窗以及多层次窗体设计，使得整体建筑通透清澈。

中轴对称 三段式比例

▶ 无锡万科酩悦

开发商>> 无锡万科房地产有限公司
建筑设计>> 上海日清建筑设计有限公司
项目地点>> 无锡市滨湖区
建筑面积>> 413 700平方米
采编>> 盛随兵

风格融合：*项目采取现代经典的设计手法，秉承欧洲古典主义美学的中轴对称与三段式黄金比例。立面采用天然大理石装饰，呈现隽永的色泽和质感。*

▼ 总平面图

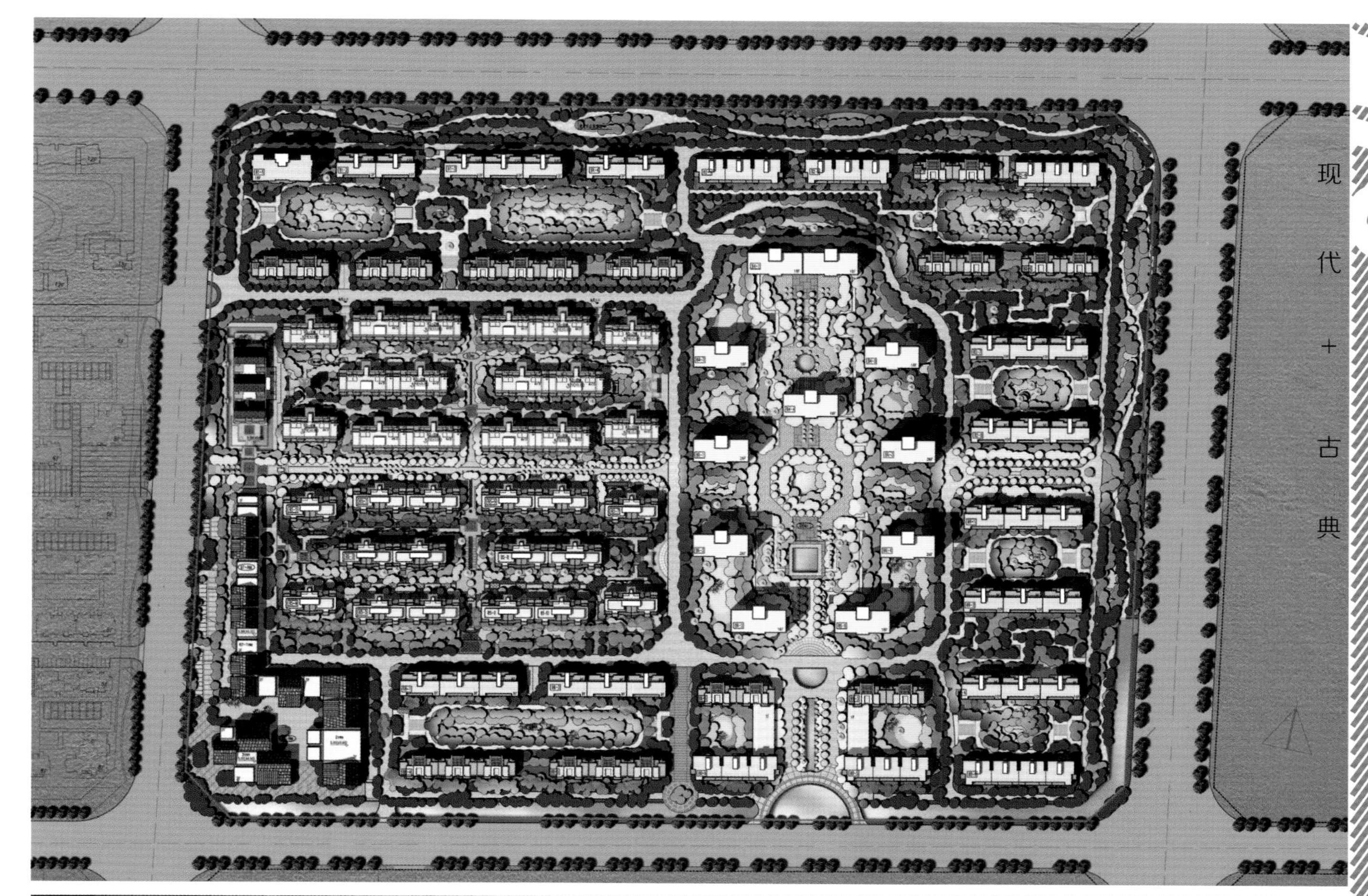

开放式时尚新城

项目为无锡万科魅力之城的B地块，小区西面沿街有2～3层的商业，面积约17 000平方米，紧邻商业东面有2个组团的5层类叠拼别墅的洋房，其它均为18～24层的高层和9～11层的小高层。

超前的开放式街区设计，完善的生活、购物、休闲、娱乐、交通、教育和市政配套使项目成为一个生活便捷的时尚新城，且备受无锡名士的推崇和青睐。

欧式宫廷园林

项目的园林设计以凡尔赛宫园林为灵感，恢宏大气，一步一景、对称而丰富的装饰，增加居住的尊贵感，建筑与自然、石材与绿化的巧妙搭配相映成趣。

运用刺绣花坛、雕塑水景、景观树阵等景观元素，淋漓尽致地展现宫廷园林特有的精雕细琢，于细微之处演绎高贵品质。古典喷泉所营造的唯美水景，作为一条鲜明的轴线贯穿整个庭院，更突显出皇家园林的华贵与浪漫。

现代立面结合古典元素

项目建筑设计采用现代经典的手法，融合东、西方建筑智慧，依中国皇家传统九宫格布局方式与法国宫廷建筑原理结合而成，秉承欧洲古典主义美学的中轴对称与三段式黄金比例。

立面采用天然大理石装饰，呈现隽永的色泽和质感。5层洋房外装材料采用约50%的石材和50%的仿石涂料相结合，总体感觉显得沉稳，贵重。在建筑细节上运用极富特色的法式经典元素，如廊柱、雕花和线条等。

一层平面图
二层平面图
三层平面图
四层平面图
五层平面图

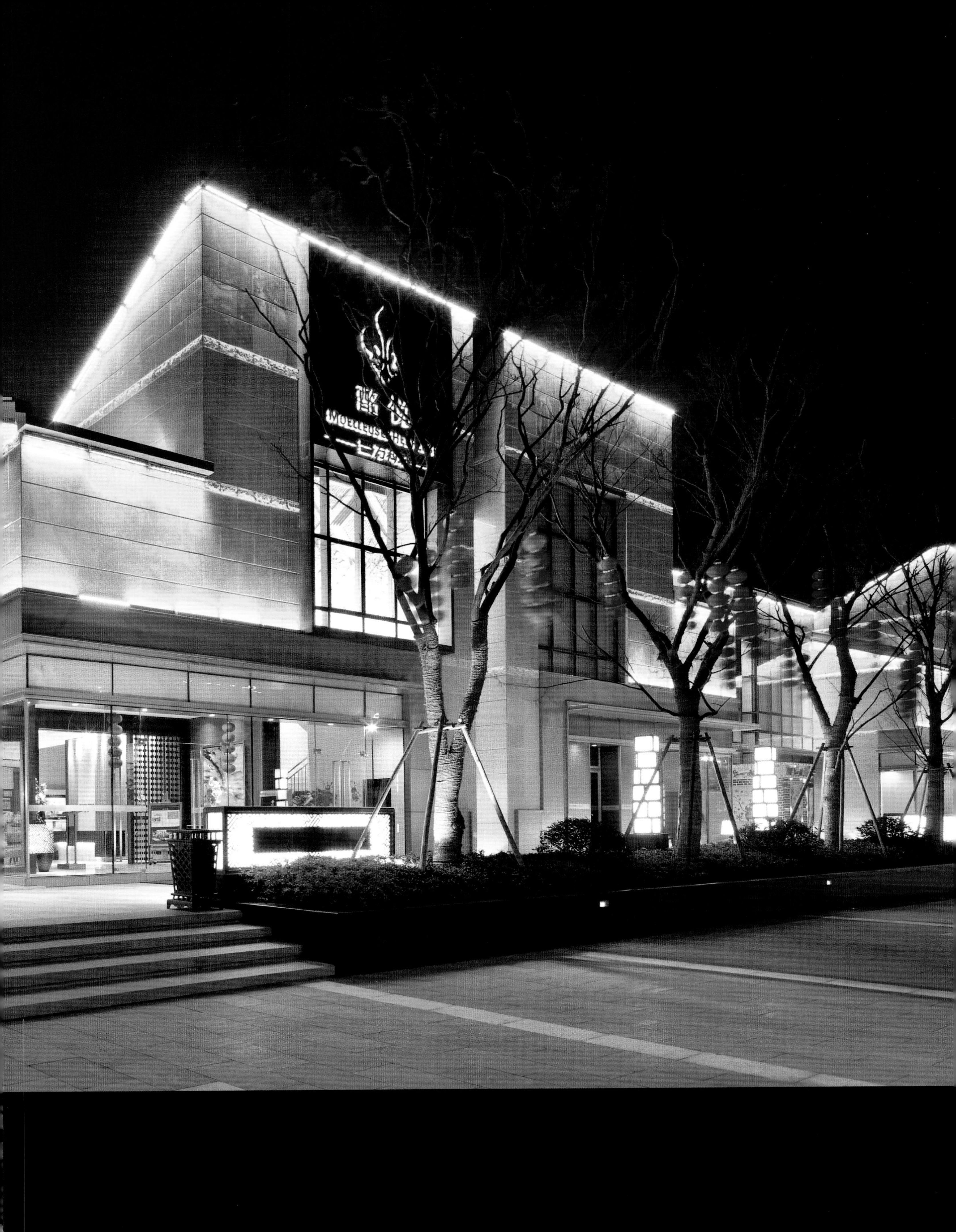

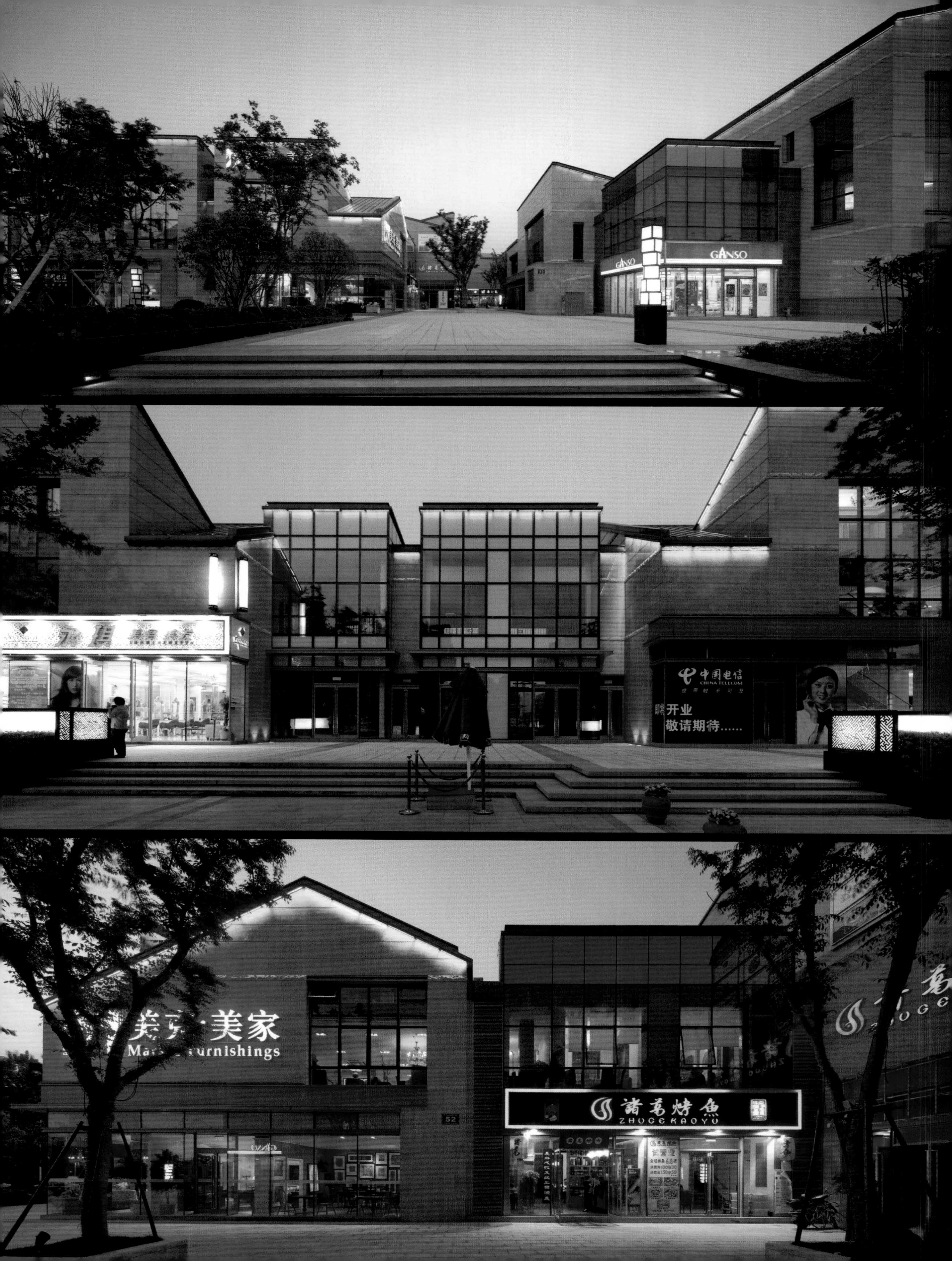
GANSO
GANSO
中国电信
CHINA TELECOM
开业
敬请期待......
美家
52
諸葛烤魚
ZHUGEKAOYU

精致典雅风格

▶ 南昌万科城项目一期

开发商>> 江西天香园房产置业有限公司
设计单位>> 唯士国际
项目地点>> 南昌市京东大道与顺外路交汇处
占地面积>> 100 274平方米
建筑面积>> 119 383平方米
采编>> 盛随兵

风格融合：*万科城把亚洲元素植入现代建筑语系，将传统意境和现代风格对称运用，用现代设计来隐喻中国的传统。小区整体风格强调精致典雅的城市居住形象。立面设计具有现代主义风格简约特点及新古典主义风格元素，主张以典雅的建筑语言，追求小资风情感的建筑风格。*

▲ 总平面图

C-30
C-31
C-32

Coffee
万科城
万科城

开放式街区

项目位于南昌城东新区腹地，紧
城市中心区域，北临120万平方米艾溪
湿地公园，东临约170万平方米都市侯
公园，是城市中心稀有的生态环境区，
周边城市建面亟待改善。因此为强化
目的城市属性，采取了加快建设速度，
现配套先行的开发模式。通过在项目
期打造城市运动主题公园以及特色商
街，并以新亚洲风格景观打造小区情
园林，提升项目城市感，进而通过逐步
完善配套，快速催熟地块。

现代典雅风格

简洁流畅的建筑立面、简单独特的视觉外观、简约时尚的实用空间、全明通透的户型布局，总体建筑风格显示了现代、大气、稳重与品质感；简洁明了的竖向线条，色彩明快的建筑形象，通过建筑体量、立面材料肌理的变化及细部构件的构图来强调理性的图底关系。

建筑的造型设计同时还注重了经济性，立面细部处理通过细腻娴熟的手法，小尺度的体量变化，同时结合平面元素而进行设计，利用楼层间阳台、百叶、栏杆等元素来丰富立面的表情。通过材料的疏松和致密，粗糙和光滑，色调的冷和暖，形成丰富而和谐的对比。

场地剖面图

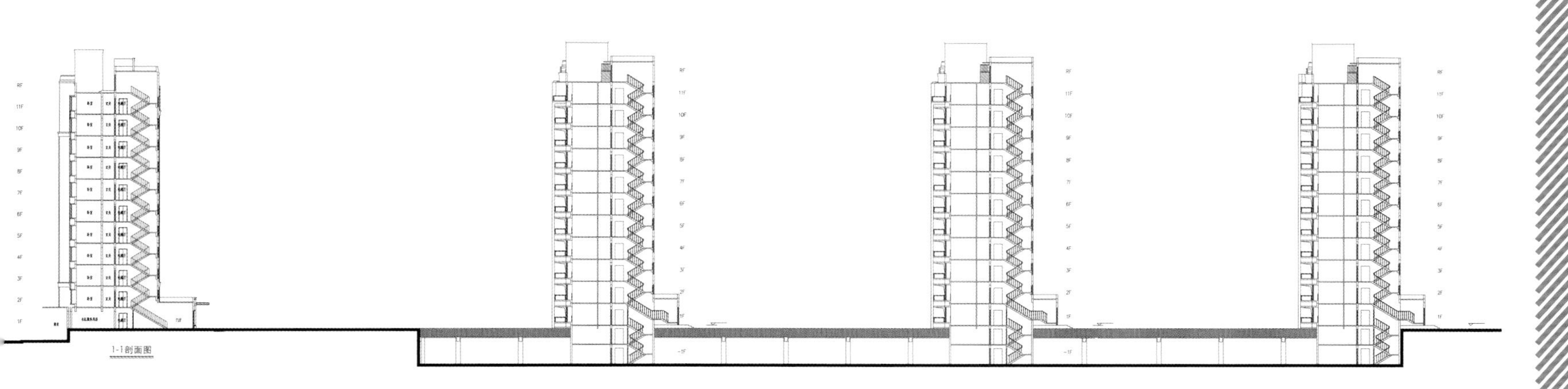

三明空间

项目拥有90平方米～120平方米城市洋三房，户方正格局，明厨、明卫、明卧"三明空间"，采光通风俱佳；4米多大面宽客厅连接景观阳台，打造极致空间舒展尺度；阳光书房里，寻找另一种都市生活；干湿分区，合理布局，大城生活有条不紊。

非交付标准
非交付标准
非交付标准

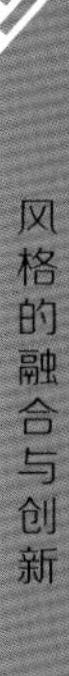

英伦+现代建筑在设计主题上强化英伦文化在设计中的作用，在设计上整体突出简约、大气的时代特点；布局上突出自然的、和谐的英伦特点；细节上突出深邃的、优雅的新古典文化风格；局部上突出精粹的、兼容的新古典主义英伦风格。

英伦+现代风格一直是国内一流城市的主流建筑风格，它以开放的英伦建筑规划理念、结合现代简约的设计手法，外墙面饰以暖色高档面砖、局部石材为主，加浅淡的涂料，诠释了英伦建筑的简约之风。

关键词：英式古典 简约时尚

英伦风味现代合院

▶ 南京保利紫晶山

开发商>> 保利江苏房地产发展有限公司
设计单位>> 上海霍普建筑设计事务所有限公司
项目地点>> 南京市栖霞区
占地面积>> 210 000平方米
建筑面积>> 340 000平方米
采编>> 盛随兵

***风格融合：**英伦乔治王时代风格的别墅遵守古典建筑秩序，注重立面对称庄重的形式感，强调别墅门廊的装饰性。而Art Deco建筑风格的花园洋房沿袭巴黎的气质与绚烂的纽约时尚，强调外立面的纵向线条的使用。*

台地社区

项目位于南京市栖霞区马群紫金山东麓，处于仙林居住板块核心区域，紧邻地铁2号线仙鹤门出口，仙林大道位于项目北侧，交通便利。项目地块呈西高东低的自然地形，保留了紫金山余脉的台地特征与自然起伏，利用与周边道路天然存在的6米～8米高度差，建造了南京首家“台地社区”。

七重垂直绿化园林

项目结合台地地势，以中华传统的“掇山、叠石、理水”的造园手法，栽植了100余种形态不同、成熟季节各异的四季植被，构筑了常绿落叶大乔木、小乔木、花灌木、花卉、水生植物与地被相结合的七重垂直绿化园林。

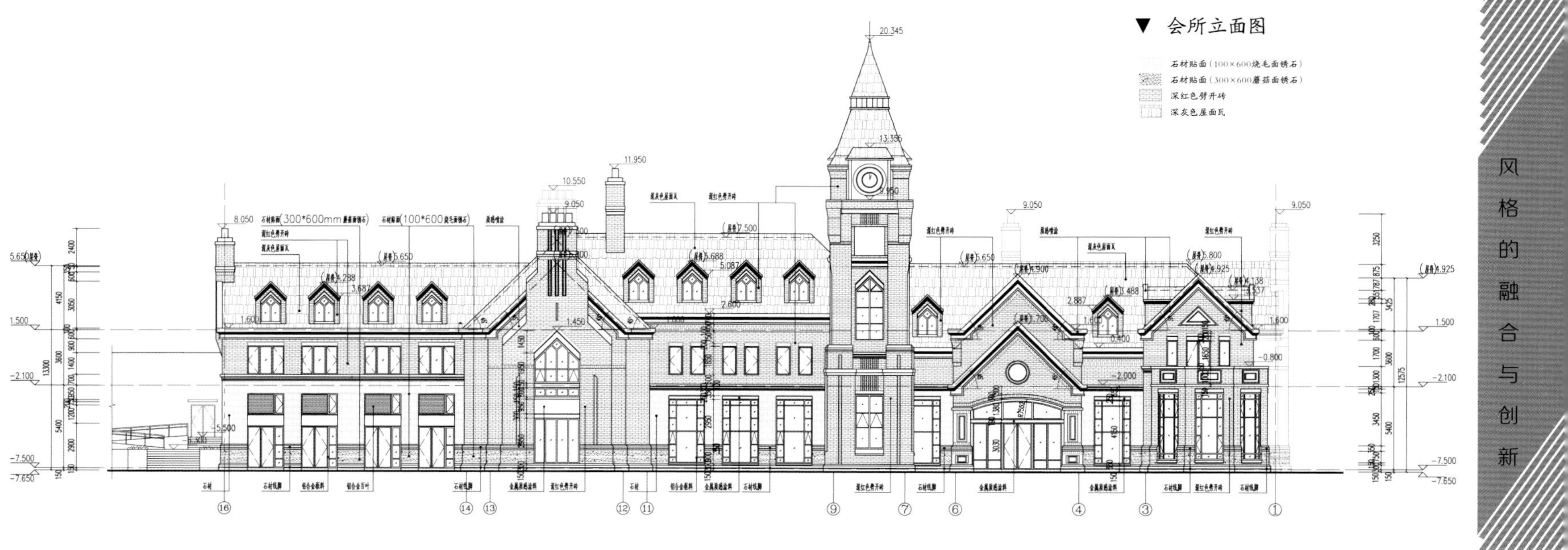

▼ 会所立面图

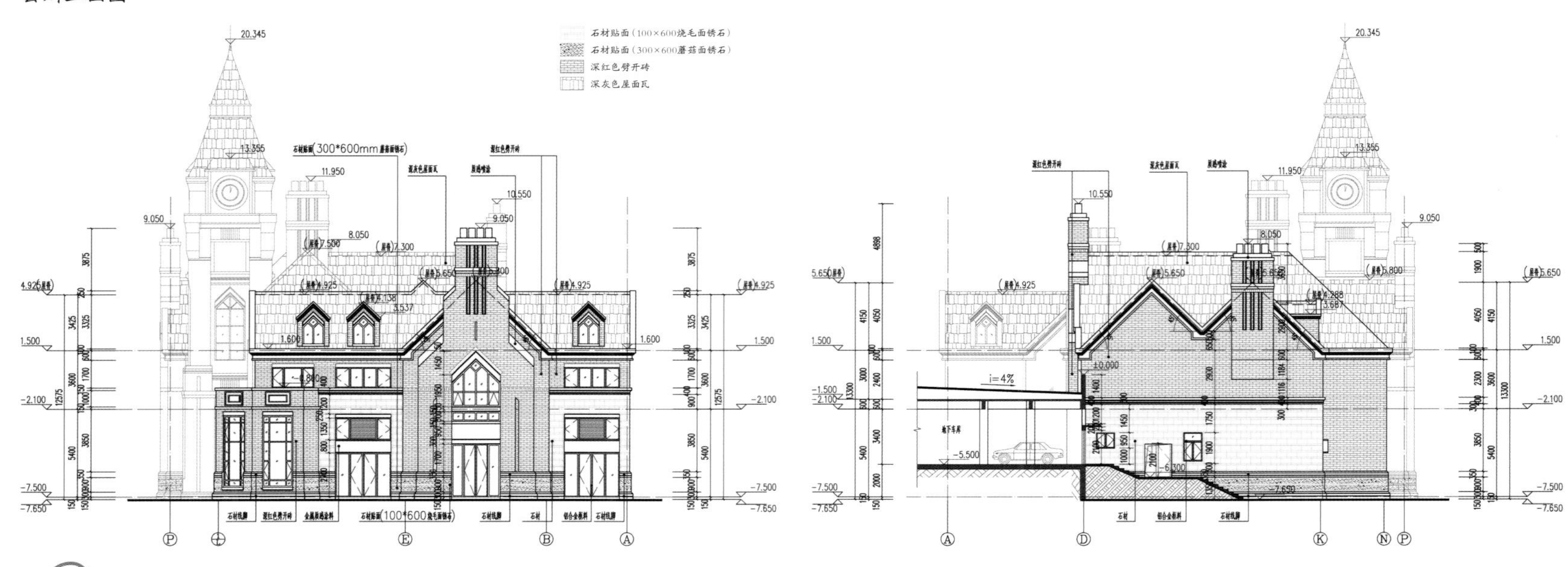

NOTES

英伦风格

英伦风格是18世纪早期，安女皇时代发展起来的。英伦风格的建筑具有几种设计元素的结合：底部的砖砌墙；木质的屋顶板；圆顶角楼；多重人字行坡屋顶。外立面材质为暖色系，如砖红色，有木质白色条状饰条或者石灰岩细节。坡屋顶、老虎窗、女儿墙、阳光室等建筑语言和符号的运用，充分诠释着英式建筑所特有的庄重、古朴和高品质。

▼ 会所剖面图

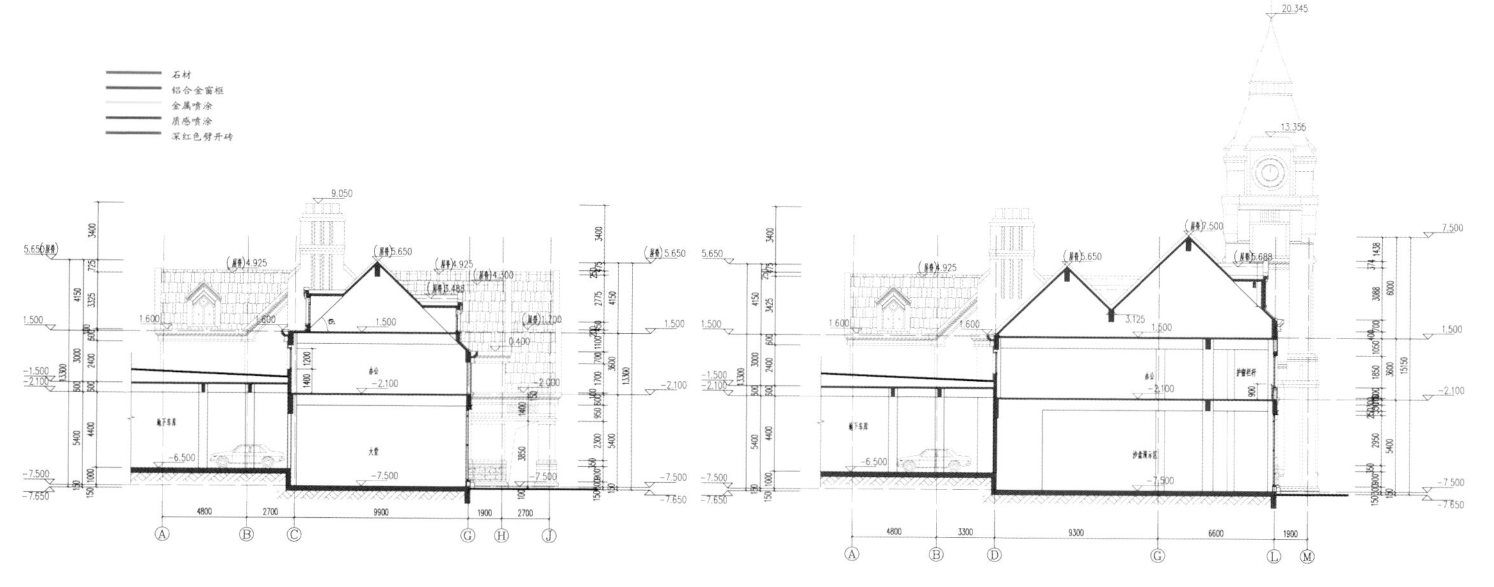

▼ 会所一层平面图

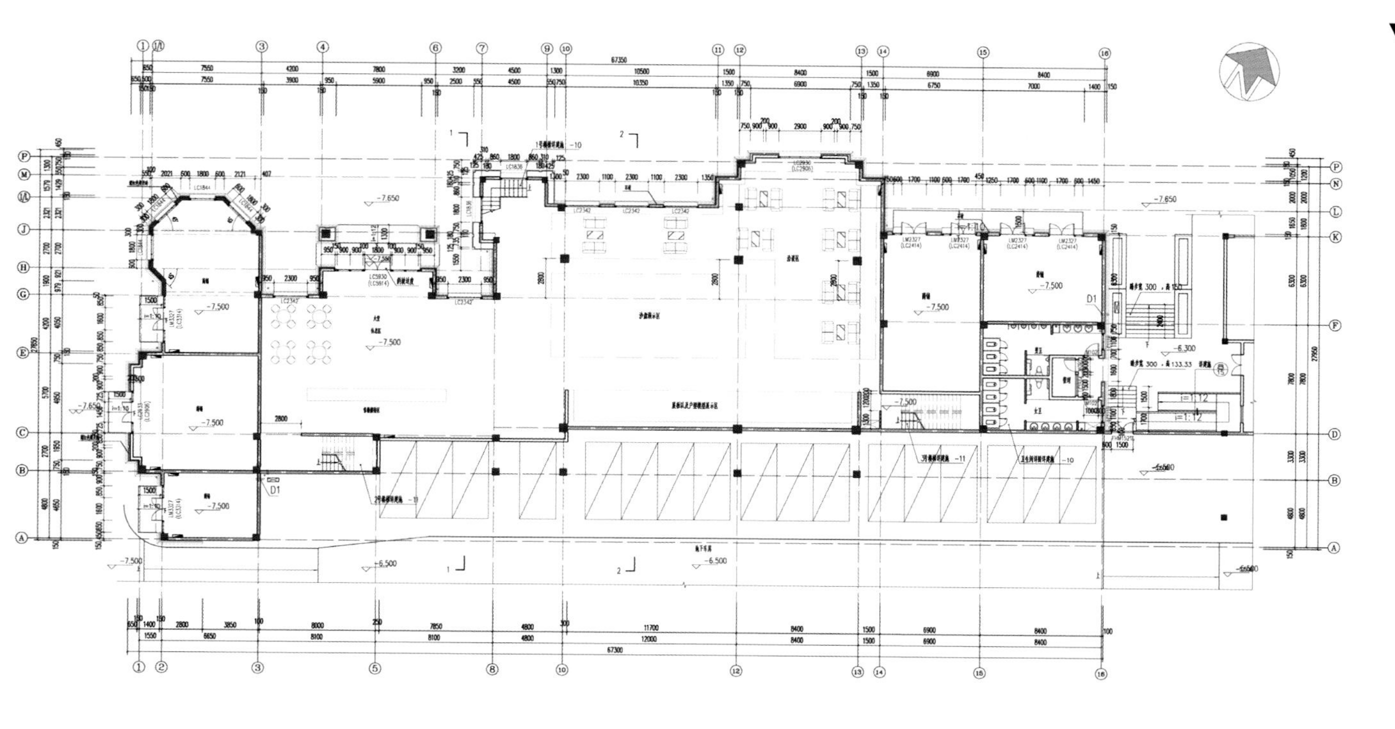

▼ 会所二层平面图

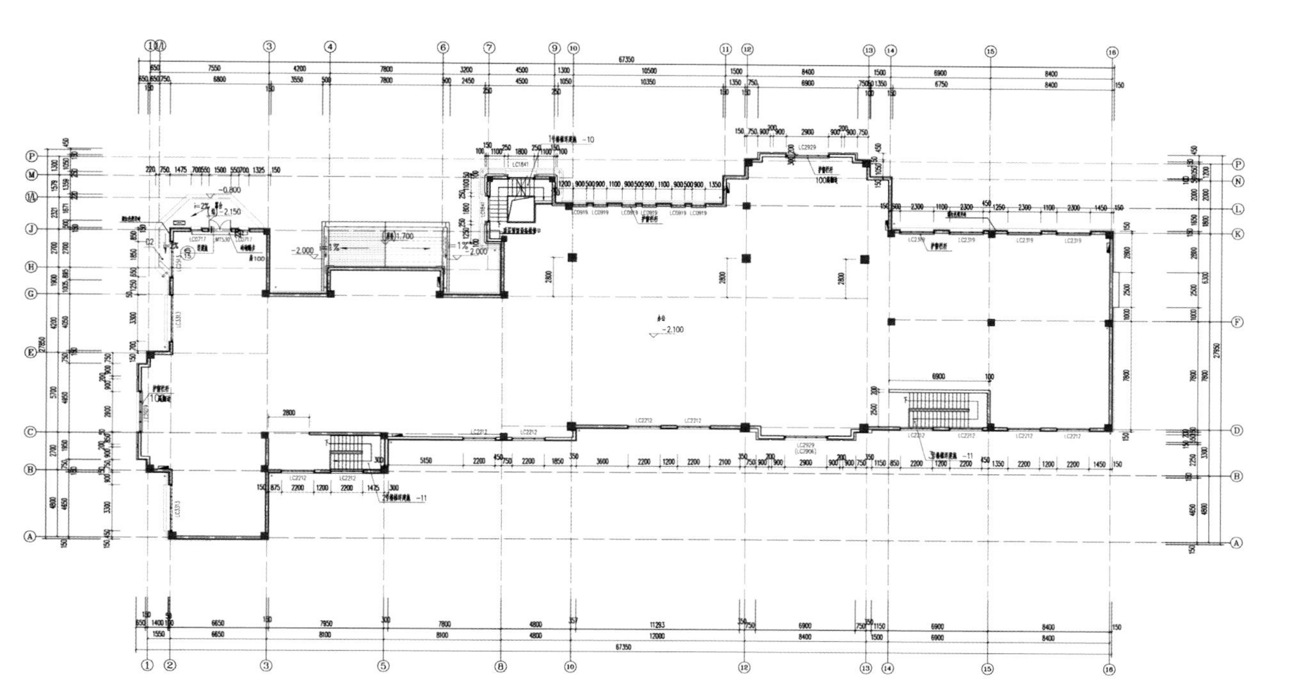

▼ 会所屋面平面图

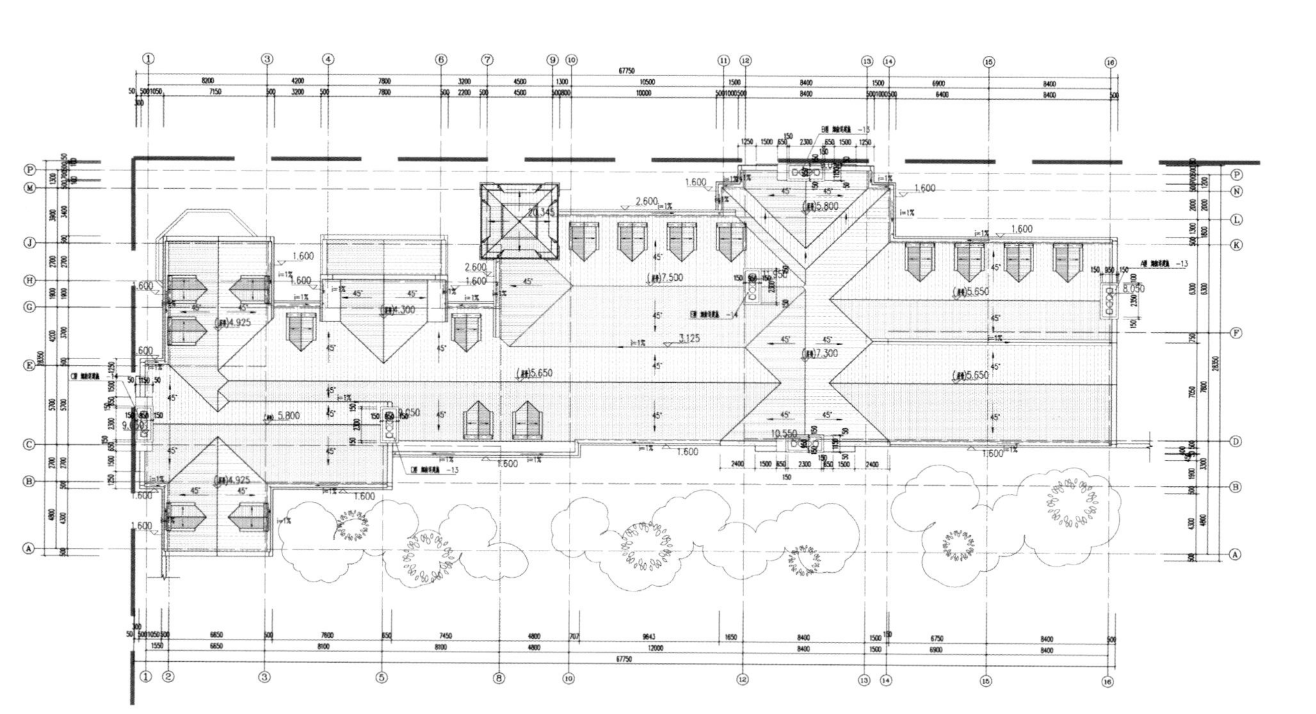

中式院落英式花园

项目并没有局限于英伦王室风格，更将其与中国传统建筑风格相融合，创新设计出中式院落与英式花园相结合而成的下沉式庭院。这样的设计方式能够将阳光充分引入地下室和车库，保证了地下室的采光和通风。同时，通过前庭后院的形式将自家的别墅合围形成独立的院落，塑造出具有英伦风味的现代四合院。

独创“双首层”

台地别墅在户型上具有独特的可塑性。如南京首创的“双首层”设计，以背面“高台地”为地面建造一层，下挖的地下室地面就会与南侧“低台地”平齐，从南边入户，“地下室”就成为首层，与庭院相连，两个“首层”便诞生。

缓坡顶乔治式风格

项目采用英式风格，别墅端头户型采用陡坡顶的英式乡村风格，屋顶形式活泼多变，立面材料为面砖与石材结合，颜色淡雅阳光，整体建筑形象独立稳重。联排的中间户型采用英式中的缓坡顶乔治式风格，五开间立面，形式工整对称，门窗尺寸严谨考究，屋面统一而舒展，配合高耸的烟囱，和标志性的红砖立面，呈现尊贵庄重的乔治王时期风格。

而多层电梯洋房组团，更是将Art Deco风格竖向线条流派的设计手法与英式的端庄厚重做了又一次融合。米黄色石材的基座和顶部浮雕装饰，粗壮的竖向线条，有力地勾勒出高贵居所的建筑形象。用英式中典型的红砖材料取代Art Deco建筑中常见的石材，挺拔尊贵的气质中又再增添一层生活的触感。

英式立面 现代元素

▶ 河南新乡温莎城堡

开发商>> 郑州绿都置业有限公司
建筑设计>> 上海联创建筑设计有限公司
景观设计>> 深圳柏涛环境艺术设计有限公司
项目地点>> 河南省新乡市
占地面积>> 119 027平方米
建筑面积>> 297 567平方米
采编>> 盛随兵

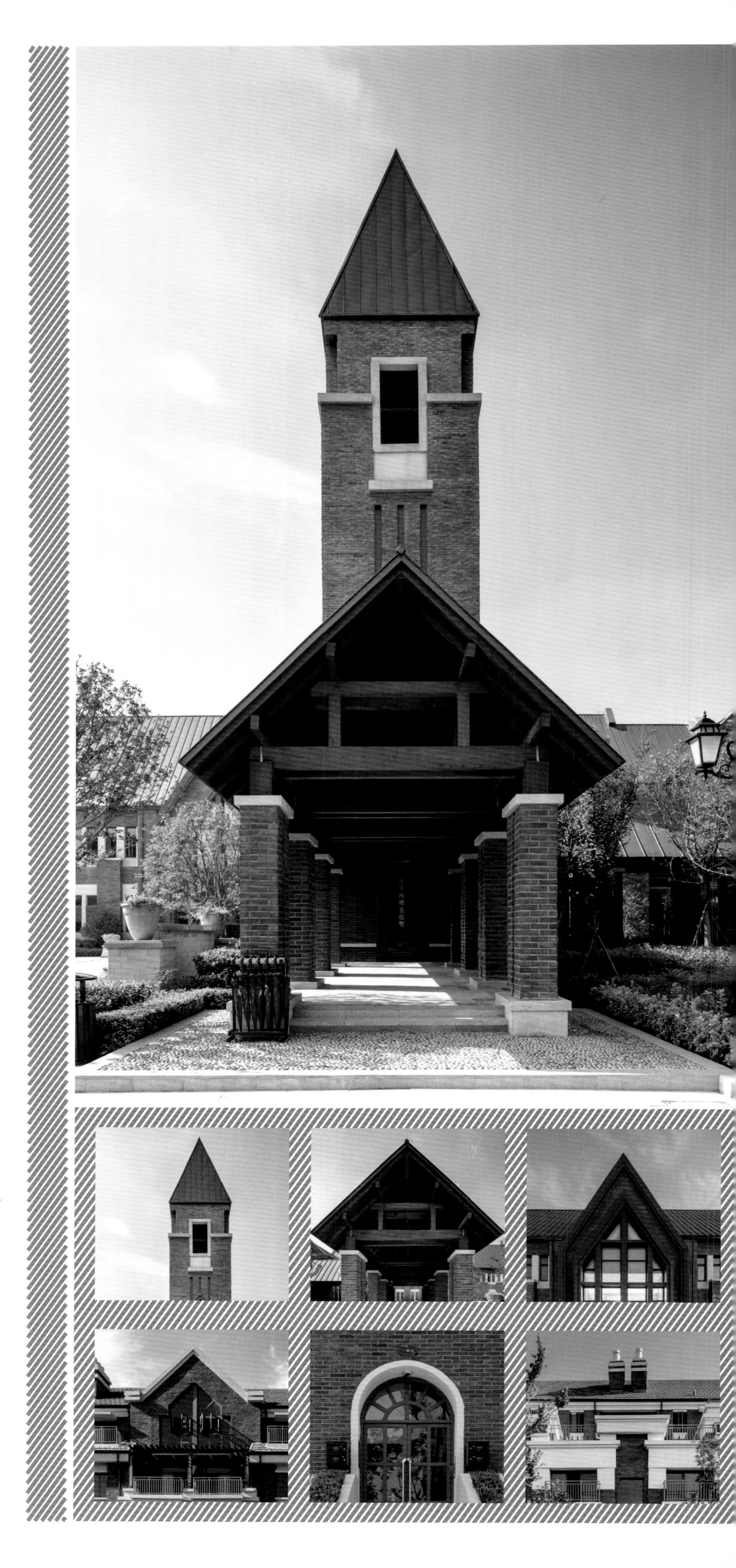

风格融合：*项目充分考虑到新乡本土特质，以开放的英伦主义建筑规划理念，结合现代简约的设计手法，外墙面饰以暖色高档面砖、局部石材为主，加浅淡的涂料，既使建筑物现代、高雅，又使居住区幽静宜人。*

总平面图

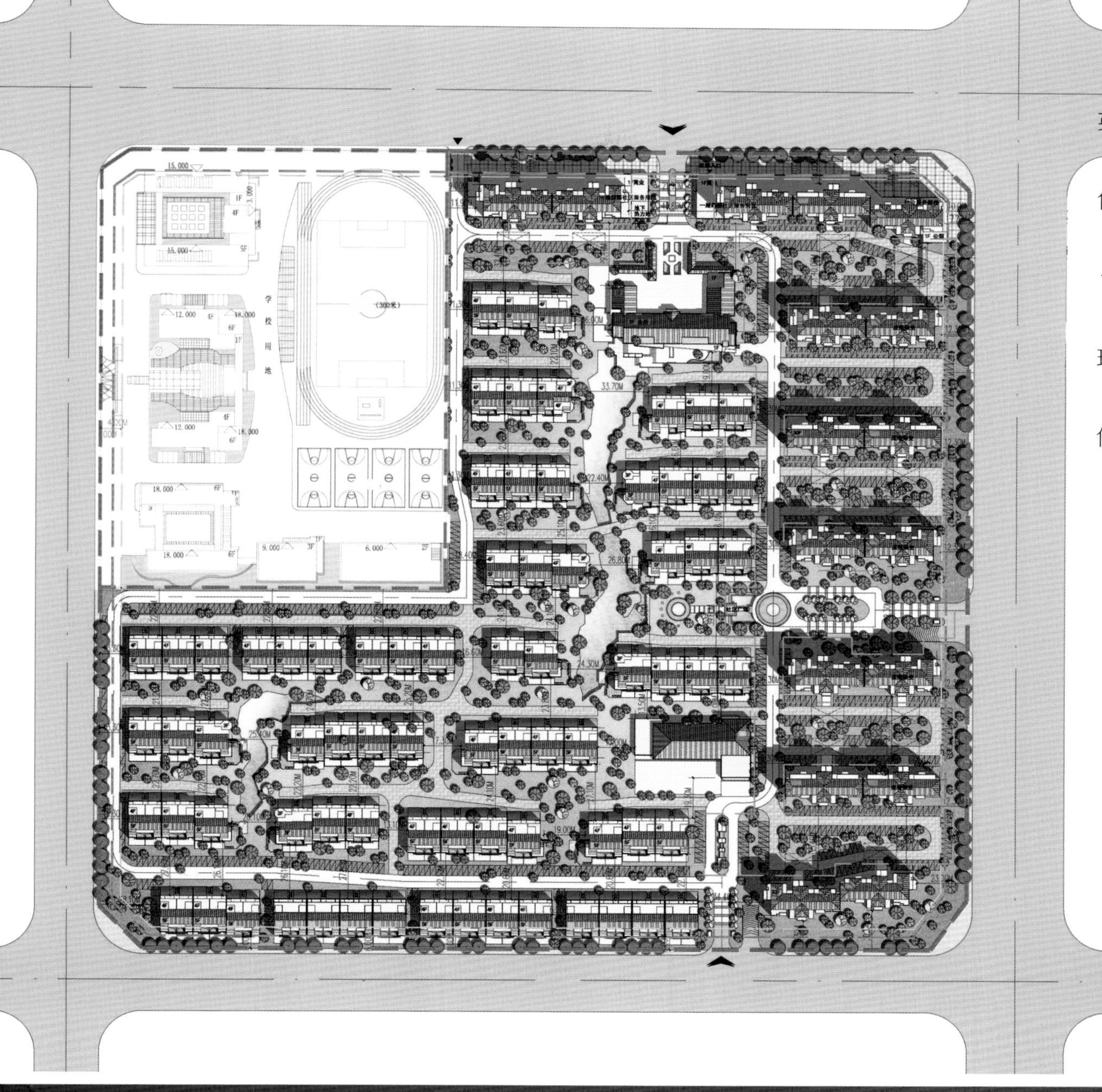

英伦原生坡地社区

项目定位为"英伦原生坡地叠墅"旨在以英伦文化为居住内涵，打造顶居住环境，为城市精英名流提供完美第一居所。

建筑空间布局上，沿海河路及牧大道主要布置高层，以最大化的提高观相对较差区域的容积率，沿海河路层裙房布置商业及配套公建；结合北入口广场设置会所。地块中部及西南设置叠加公寓，在中心景观区布置类栋住宅，从而形成丰富的空间层次和际线，同时也拉开产品的布局范围。不类型的住宅分地块呈组团状布局，形极富层次感的建筑空间形象。

山谷坡地景观

项目依托社区内缓丘坡地的天然条件，汲取考茨沃兹等英国美丽小镇的自然意向，因势利导，营造出高差数米的山谷坡地景观。在园林植被上，栽植乔木、灌木以及蔷薇科属花草，多层次立体式的植被交相错落，形成户户有景，满目皆景的立体景观。

英式古典结合现代简约

所有建筑采用英式风格立面，通过建筑体量的大小、体型长短变化或互相穿插的组合以及退台等形式，错落有致地勾勒出丰富的"天际轮廓线"。

对阳台、栏杆等部分进行艺术处理，使它形成具有特殊风貌特色的建筑符号，反复使用，强调住宅群体的整体性，并赋予其韵律感，同时重点处理檐口、腰线等细部，丰富整体，使人倍感亲切。

◀ 叠加公寓立面

▼ 叠加公寓剖面

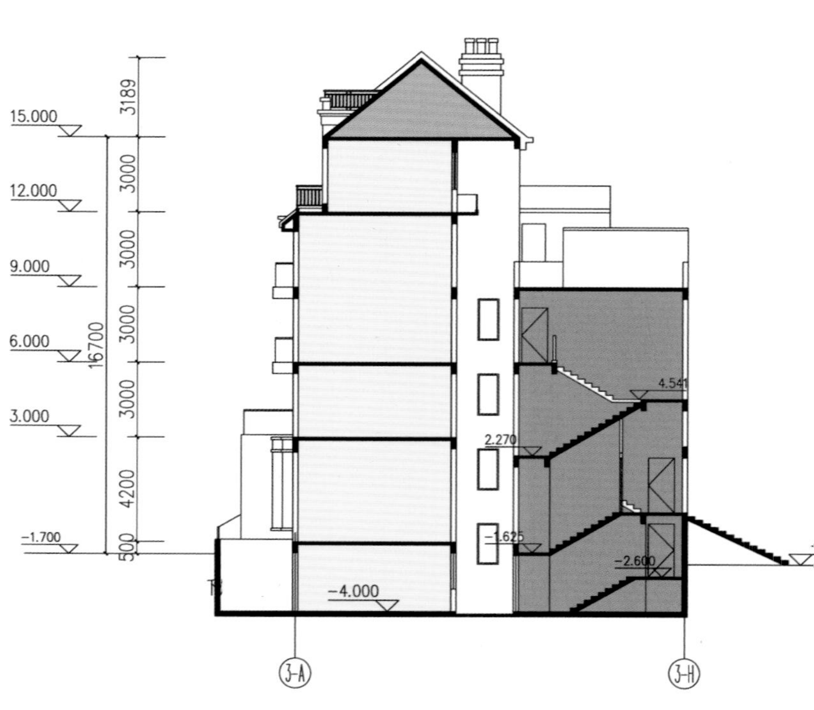

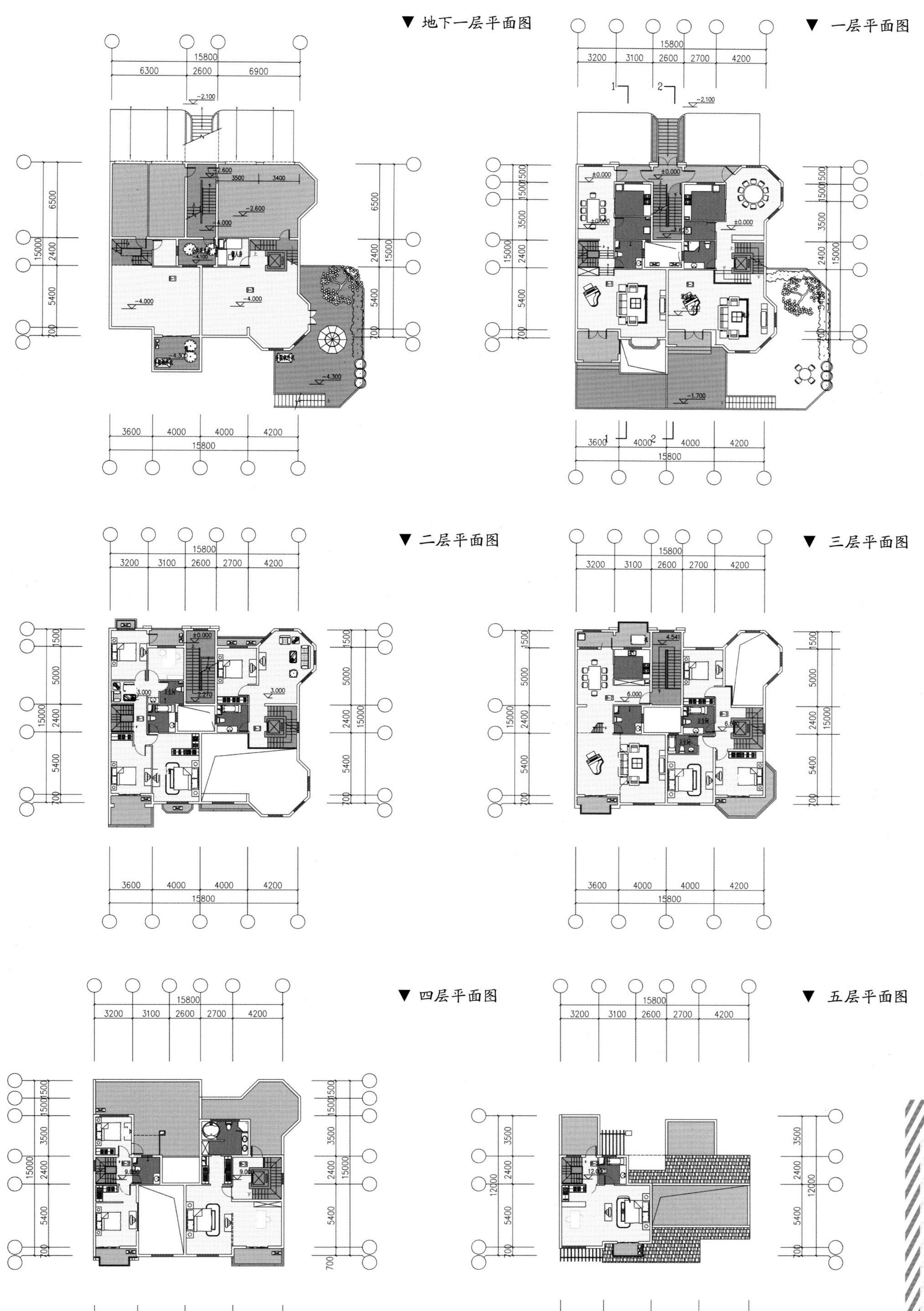

英伦建筑风格

单从建筑形式上来区分，英伦建筑风格分为三种：都铎风格、科斯特乌兹风格、约克风格。都铎式建筑因流行于英国都铎王朝而得名。该风格的建筑形体复杂起伏，保留了歌特式建筑的塔楼，但构图中间突出，两旁对称，是文艺复兴建筑的特点；科茨沃尔德是典型的英格兰地区，有着漂亮的村庄、蜂蜜色的石头、庄园、迷人的教堂、石块构造墙面；约克是北约克郡首府，公元71年，罗马人建立约克城，展现出浓厚的古罗马建筑风格。

原味英伦红砖建筑群

▶ 天津融创北塘君澜名邸

开发商>> 天津市融创奥城投资有限公司
设计单位>> 天津方标世纪规划建筑设计有限公司
项目地点>> 天津市塘沽区
占地面积>> 121 407.1平方米
建筑面积>> 322 413平方米
采编>> 张培华

风格融合：_项目承袭百年英伦建筑及街区规划之精华，融合英伦红砖、文化石材、人字形屋顶等英伦元素，再现了原味英伦红砖建筑群，漫步实景示范区，仿佛置身于英国小镇。_

▼ 总平面图

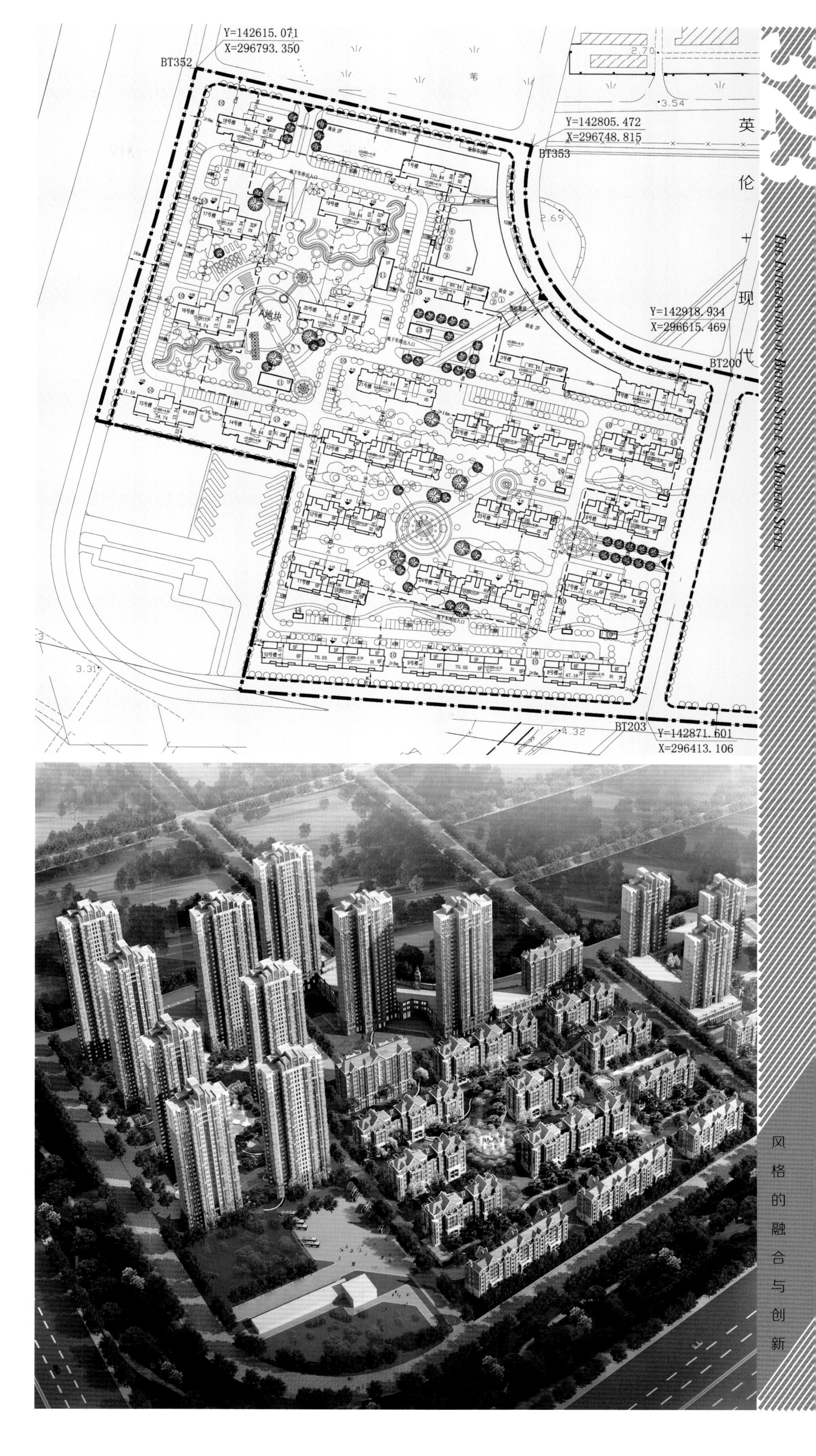

生态宜居社区

项目位于塘沽北塘——滨海新区的核心位置，其背倚森林公园，北塘水库，前方面朝大海，景色怡人。项目由多层和高层建筑形态构成。高层建筑主要沿兴凯湖路与荆州道布置，建筑由26～32层建筑组成，建筑群的整体高度由内侧向外围逐渐升高，同时两栋点式高层之间点缀10层中高层住宅，形成高低错落的高层组群。多层住宅区位于镜泊湖路两侧，建筑主要为6层的多层建筑。组团绿地蜿蜒于建筑之间，确保大多数住户凭窗揽绿。设计各种角窗、飘窗，形成建筑外观上的灵动与亲绿元素，达到建筑与绿化环境的和谐统一。

融创 君澜
GLORIOUS MANSION
融创 君澜
GLORIOUS MANSION

年英伦品质
融创 君澜
融创 君澜
GLORIOUS MANSION

英伦风设计元素

项目采用纯英伦建造规制，完整地传承了英伦的风貌和内涵。在建筑设计上，洋房使用坡屋顶、老虎窗、女儿墙、阳光室等特有建筑符号，充分诠释英伦所特有的庄重与高贵；高层建筑将现代社区的硬朗、效率与英伦建筑风格相结合，双坡陡屋面、深檐口、外露木等传统英伦建筑风格更显贵族气质。

7
TowN
拉
拉

“绿”元素景观设计

社区景观设计以“绿”为基本元素，东西两个社区分别以贯通整个社区的景观步行带为主体，并引申至各组团间、组团内。由社区入口广场开始，通过绿地植被、硬质铺地、人行步道、广场、小品，以及空间大小的转换，使环路内外的空间被交接成一个网状的结构，景观休闲空间有层次地从公共空间过渡半公共空间到半私密直至私密空间。

6-2-101

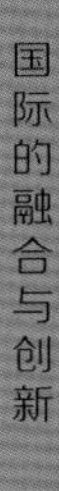

通透方正户型

多层及小高层户型均为1梯2户，户型面积123平方米～210平方米。户型设计以3A标准为设计依据，房间布局方正规整，分区合理，南北通透，自然通风顺畅，采光充足。

地中海+现代充满低调的高贵，融合了简朴与浪漫，带着地中海的气息、雕塑般的工艺细节和文化内涵，让人想起沐浴在阳光里的山坡、农庄、葡萄园以及朴实富足的田园生活。

地中海+现代风格的建筑中融入了阳光和活力，采取更为温暖的色彩，使建筑外立面色彩明快，既醒目又不过分张扬，且采用柔和的特殊涂料，不产生反射光，不会晃眼，给人以踏实的感觉。而在细节处理上既细腻精巧，又贴近自然的动脉：从红陶筒瓦到手工抹灰墙，从弧型墙到一步阳台，还有铁艺、陶艺挂件等，以及对于小拱圈、文化石外墙、红色坡屋顶、圆弧檐口等符号的抽象化利用，都表达出朴实、自然的山野气息。

关键词：自然朴实 异域风情

田园式地中海风格

▶贵阳中铁·逸都国际

开发商>> 贵阳中铁置业有限公司
设计单位>> 澳大利亚柏涛（墨尔本）建筑设计亚洲分公司
主创>> 王漓峰
设计人员>> 付宇峰、傅敏、喻丽萍、林惠芬、叶婷
项目地点>> 贵阳市金阳新区
总占地面积>> 1 060 616平方米
总建筑面积>> 2 456 088.8平方米
供稿>> 澳大利亚柏涛（墨尔本）建筑设计亚洲分公司
采编>> 李忍

***风格融合：**建筑为泛地中海风格，简约、大气、沉稳，并融入地中海托斯卡纳风格的拱形门廊、情调阳台等元素，构建了一幅幅优美的休闲画卷。立面设计为前后错落，局部设计有坡屋顶、台地高差、穿插变化的院落，共同营造出一个充满异域田园风情的宜居场所。*

▲ 10栋立面分色图

毛石砌体	深棕色文化石	灰褐色文化石	西班牙陶瓦	黄色外墙涂料	白色外墙涂料	木质及仿木涂料	深灰色外墙涂料

山水国际社区

中铁·逸都国际结合贵阳独特的地理气候，自然人文特征，创造性地提出“逸”生活概念，并以“逸”为魂，将地方特质、传统理念、异域风情、现代生活等元素“和而不同”地融入到“逸”生活中，通过逸墅、逸院、逸馆三个产品范畴来定义“逸”社区。此外，项目用“院子”这一中国传统元素贯穿始终，打造贵阳具有国际水准的山水国际社区。

地中海托斯卡纳风格

中铁·逸都国际采用的是地中和托斯卡纳风格的混搭。公建以南州圣·芭芭拉风格为原型，并融入中海托斯卡纳风格的某些元素；住以托斯卡纳风格为蓝本，红瓦、白墙木构架、毛石墙面等元素体现出实、自然的山野气息。

建筑充满美感，大块石头堆砌烟囱、原色枕木铺垫的栈道、温暖调的墙面、曲线柔美的拱门、深红陶瓦的屋顶……将异域风情的格调筑发挥得淋漓尽致。

▼ 8栋剖面分色图

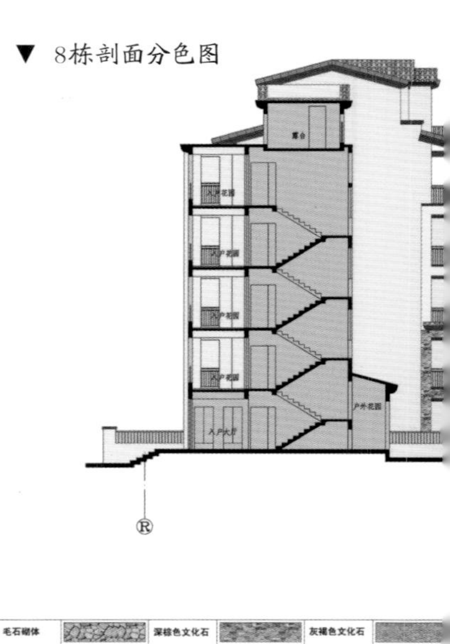

毛石砌体 深棕色文化石 灰褐色文化石

▼ 1栋立面分色图

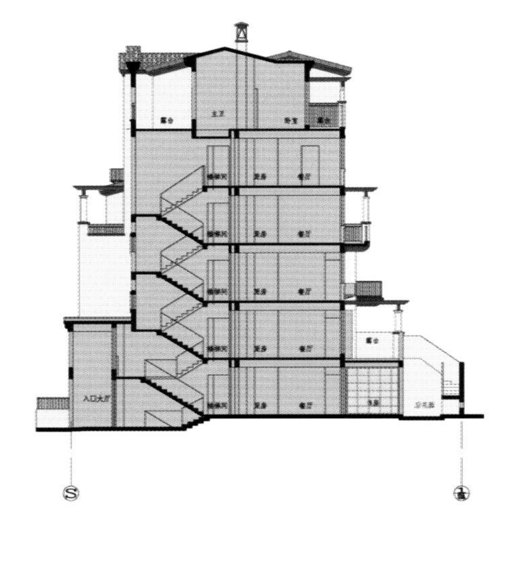

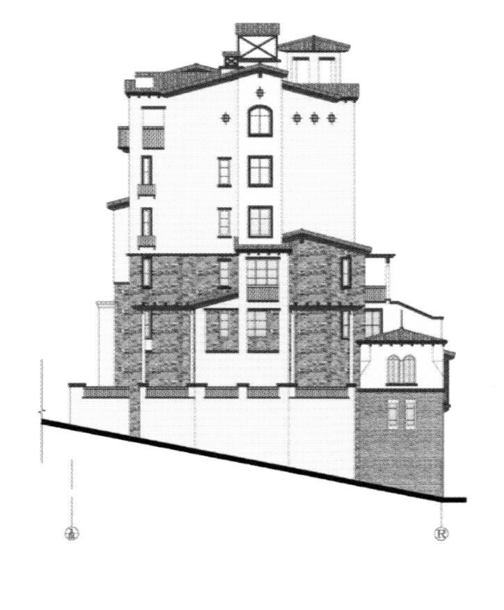

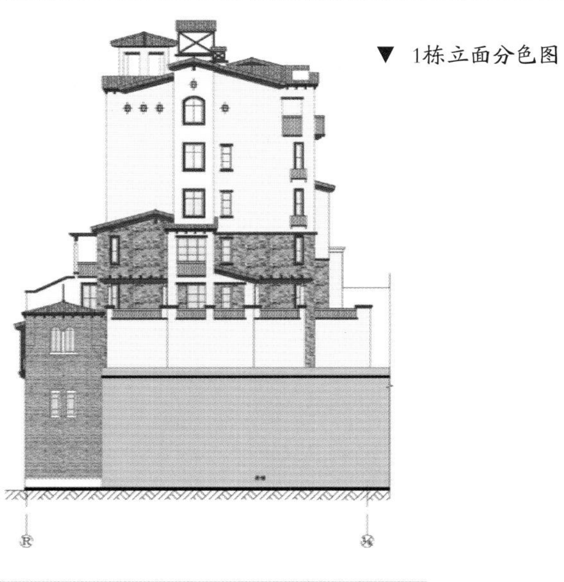

围合式布局

项目采用以中央水体为核心的围合式布局，各组团因位置不同而分别呈东南、西南、南向及东西方向布置，均充分考虑景观朝向，使小区形成良好的通风、日照气候环境。同时通过不同院落形成变化的围合关系，与核心景观相互渗透，互成景观。

NOTES

地中海风格与托斯卡纳风格

地中海风格的建筑舍弃浮华的石材，用红瓦白墙营造出与自然合一的朴实质感，建筑中包括众多的回廊、构架和景观平台，而装饰性用的烟囱，则带有传统的英国风味。

托斯卡纳建筑风格又名意式园林，源于意大利中西部托斯卡纳地区，是世界四大园林风格之一。托斯卡纳建筑风格是一种田园式园林风格，密荫、喷泉、壁饰、庭院、铁艺、百叶窗和阳台，甚至隔墙上的藤蔓，都是托斯卡纳风格的精髓。

多重院落体系

中铁·逸都国际的院落是一个层层递进的多元化院落体系。这种体系在规划上表现为“社区院落—组团院落—半私家院落—私家庭院”的空间层层分级过渡。通过建筑在平面或竖向上的创意组合，实现室外与室内的混搭设计，可在自家里组织前庭、后院、内廊、下沉庭院、地下室的复合院落和情趣空间，衍生出“逸院、逸馆、逸墅”的原创逸态生活建筑。

▼ 6栋立面分色图

主题景观

设计师结合项目“山地、谷地、台地”的地理特征，并通过“山、谷、水、林、花”五大元素的创造性应用，塑造出“山地小镇、滨水之城、台地花园”三个不同景观主题的分区，打造异域浪漫风情的庄园意境。

现代地中海风情社区

▶ 深圳观湖园

开发商>> 深圳和记黄埔观澜地产有限公司
建筑设计>> 梁黄顾建筑师（香港）事务所有限公司
项目地点>> 深圳市宝安区
占地面积>> 375 581平方米
建筑面积>> 165 540平方米
采编>> 李忍

风格融合：*项目采用地中海式建筑风格，同时加以现代手法进行设计。立面用色丰富艳丽，线条设计简单且修边浑圆。*

湖畔墅式社区

项目以“湖”立名，内拥三个翠绿湖泊，容积率仅为0.44，产品类型包括独栋、双拼、叠墅，为纯墅式豪宅社区。凭借优美高雅的湖居生活赢得了大批来自福田、南山等区域的自住型财富人士的青睐。

社区内的湖岸会所“观湖荟”，配有丰富的休闲设施，如室内恒温游泳池、室外园林泳池、健身室、CEO图书室、蓝色海洋主题的儿童游乐室、瑜伽室及室内多功能运动场。

多层次居住空间

项目充分挖掘基地的潜力，利用坡度、高差、退台等手法，造就坡地洋房、下沉庭院、退台花园的多层次空间。利用地势起伏、高低，形成了阶梯露台、地下室、半地下室等辅助空间。

山脊窜连主轴景观

结合山脊形成景观主轴，通过步道与组团景观带相互连接，形成有机的景观系统，增加小区的可识别性。结合林荫主路形成的车行尺度景观主轴与中心水体形成的人行尺度景观主轴，相互连接，交汇于中心绿化景观长廊。绿化突出山、湖、林三个特点。

地中海风格结合现代元素

项目采用地中海式建筑风格，同时加以现代手法进行设计。立面用色丰富艳丽，采取土黄与红褐相搭配。外墙、围栏等系列立面元素均选用珍贵天然石材，营造出一种朴实质感。

西班牙风格现代材质

▶ 大连万科天麓·溪之谷

开发商>> 大连万科城置业有限公司
建筑设计>> 源界建筑设计咨询（上海）有限公司
北京墨臣建筑设计事务所（普通合伙）
SB ARCHITECTS OPERATING ACCOUNT
景观设计>> 北京创翌高峰园林工程咨询有限责任公司
毅麓园林景观设计（深圳）有限公司
项目地点>> 大连甘井子区
占地面积>> 370 000平方米
建筑面积>> 400 000平方米
采编>> 张培华

风格融合：*项目借鉴地中海式山地风情小镇的建筑与布局特点，别墅采用原汁原味的西班牙建筑风格，外立面选用红陶土筒瓦和STUCCO手工抹灰墙，以及充满质感的文化石，从而凸显自然而富有品位的建筑形象。*

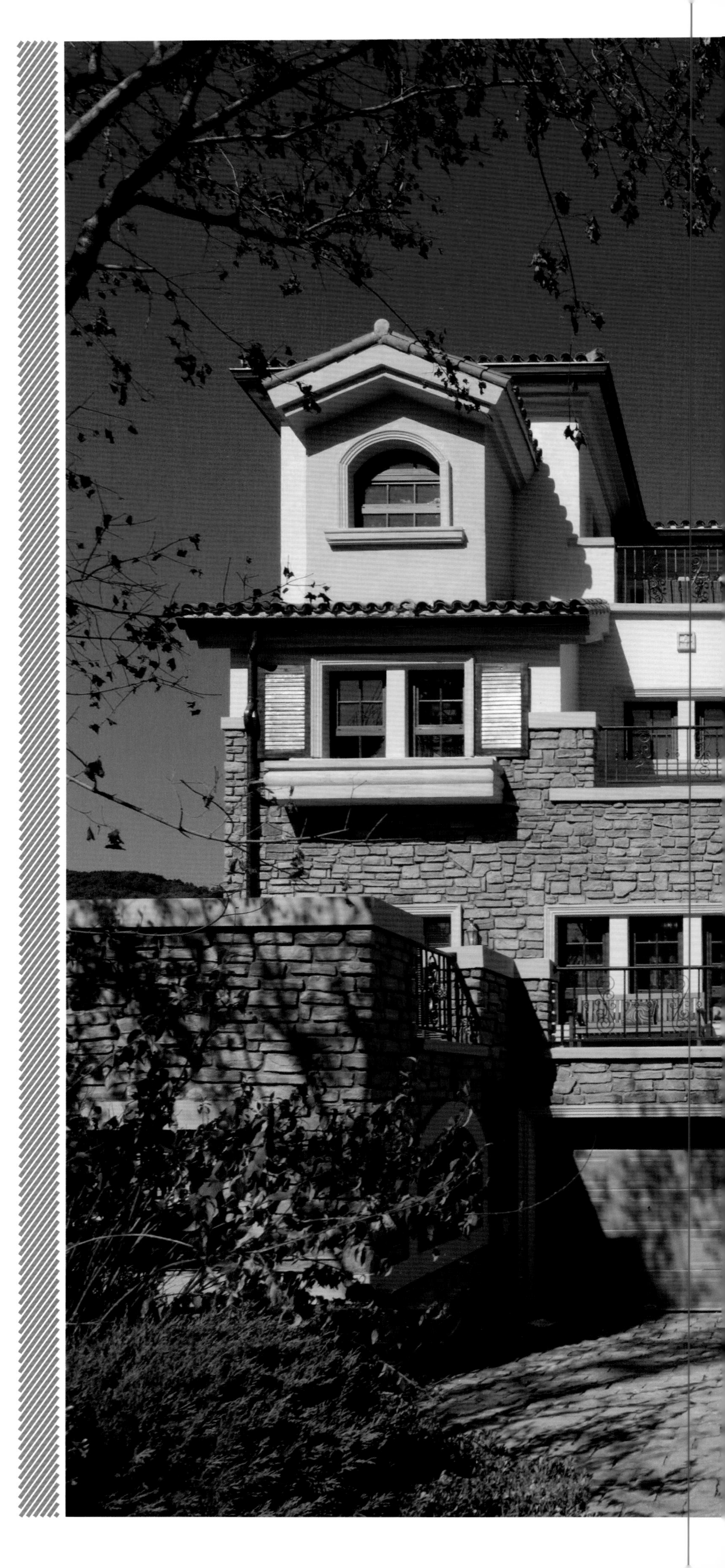

建筑明细一览表

楼号	层数	建筑类别	总建筑面积m²	住宅面积m²	半地下公建面积m²	地上、半地下设备用房面积m²	地下车库面积m²	备注
D107	26	普通住宅	15033	14826	207			半地下公建为物业用房
D108	24	普通住宅	14899	14689	210			其中居委会150m²，物业用房60m².
D109	27	普通住宅	7419	7419				
D110	26,27	普通住宅	14371	14371				
D111	24	普通住宅/老年住宅	7345	7345				
D112	24	普通住宅/老年住宅	7345	7345				老年住宅建筑面积为4287m²
D113	26	普通住宅/老年住宅	7413	7413				老年住宅建筑面积为7126m²
D114	26	普通住宅/老年住宅	7413	7413				老年住宅建筑面积为7126m²
D115	26	普通住宅/老年住宅	7413	7413				老年住宅建筑面积为7126m²
D116	27	普通住宅/老年住宅	14837	14837				老年住宅建筑面积为14263m²
D117	27	普通住宅/老年住宅	7234	7234				老年住宅建筑面积为6947m²
D118	27	普通住宅/老年住宅	7419	7419				老年住宅建筑面积为7134m²
D152	1	变电所	100			100		
D153	1	变电所	100			100		
D167	-1	地下车库	9943				9943	不计入容积率
小计			128284	117724	417	200	9943	

普通住宅为生态住宅，90m²以下面积为56838m²，配套公建按整个地块统一平衡。

城市山地生态养老社区

项目位于城市森林公园，考虑其在城市环境中的独特性和唯一性，结合客户定位，营造出城市山地富贵生活的高档居住区环境。住宅类型包括联排、叠拼、多层、小高层和高层，多层以5层为主，高层以18层为主。

项目充分考虑与地形的结合，将地形优势最大化发挥，利用山地地形布置联排别墅，山地中较为陡峭的用地设置特殊的叠拼产品以适应地形特点。平地多以多层、小高层为主，东侧沟谷地布置高层及小高层产品，避免该部分产品对城市界面的影响，同时利用谷地特殊空间营造出幽静宜人的高层区组团环境。

递进式景观轴

景观设计依据规划结构，以会所及小镇中心（商业）为两个核心，以绿色走廊（过境景观道路）为纽带，形成住区的南北向景观主轴，联系、整合各居住板块；以山谷水系为线索，以地形变化与植物群落掩映为依托，形成住区东西向的层进式景观辅轴；因借地势的高低错落和住宅形式的变化形成各具特点的组团内景观群落；并有效利用外围山地资源，形成广阔的区外绿色健康休闲风景区域。由重点引发轴线，由轴线贯穿块面，从而形成线索清晰、层次演进、统一丰富、古朴自然的景观系统。

NOTES

地中海风格与西班牙风格

从狭义上来说，现代的地中海风格主要是指意大利的“托斯卡纳风格”和西班牙在北美洲的留下的文化遗产，俗称“西班牙殖民风格”。

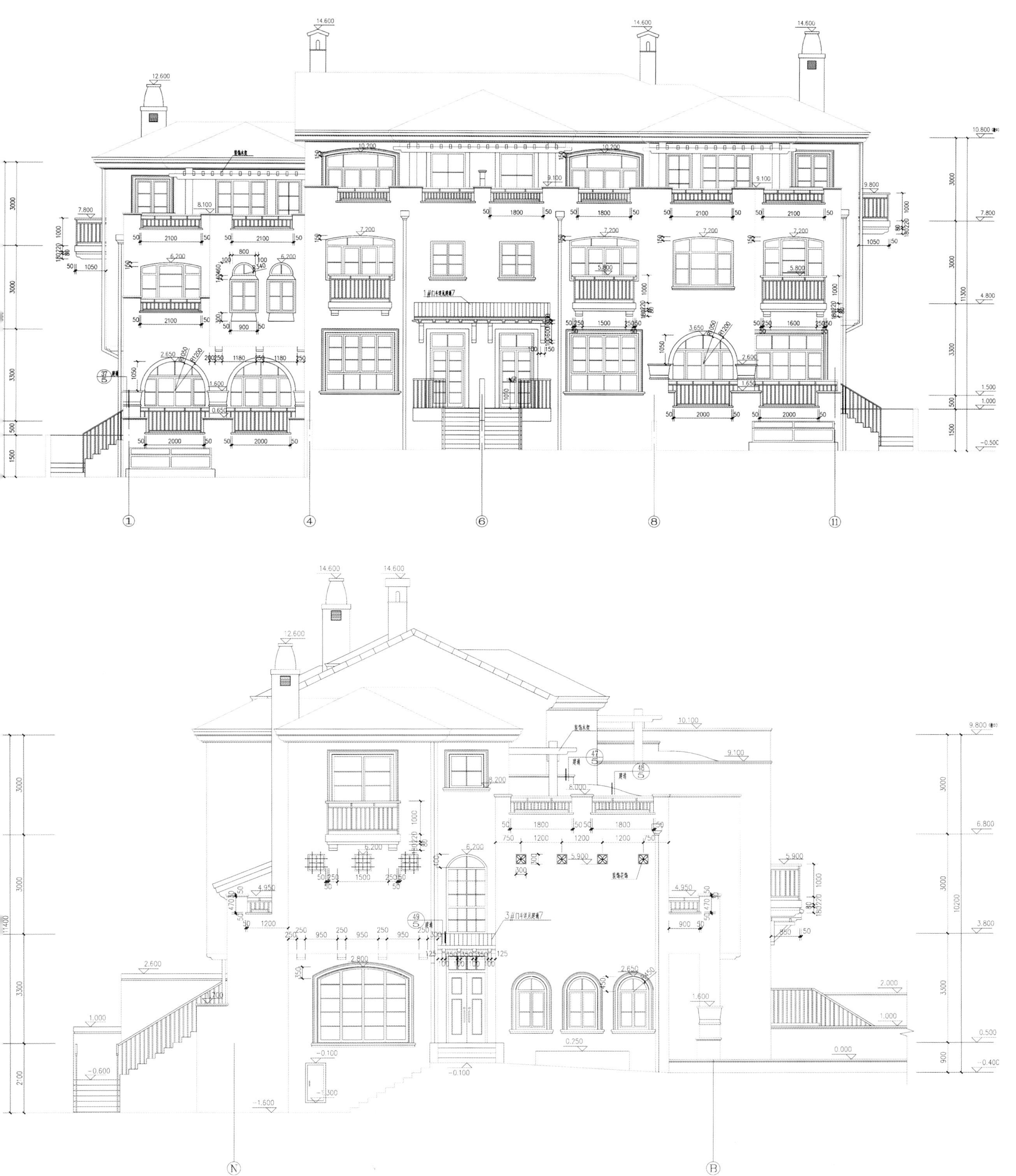

十九栋

西班牙风格结合现代元素

项目借鉴地中海式山地风情小镇的建筑与布局特点，建筑立面采用现代材质，着重刻画近人尺度的建筑造型与细部设计，营造出亲切宜人的生活感。

别墅采用原汁原味的西班牙建筑风格，外立面选用红陶土筒瓦和STUCCO手工抹灰墙，以及充满质感的文化石，从而凸显自然而富有品位的建筑形象。

索引

本书收录第七届金盘奖项目一览

奖项	项目名称	开发商	设计单位
年度最佳样板房	成都中国会馆	成都中新悦蓉置业有限公司	成都市雅仕达建筑装饰工程有限责任公司
年度最佳别墅	苏州拙政别墅	苏州赞威置业有限公司	上海现代建筑设计集团设计
	北京亿城燕西华府	北京亿城集团	上海日清建筑设计有限公司
年度最佳公寓	上海紫竹森林半岛一期	上海紫竹半岛地产有限公司	日兴设计·上海兴田建筑工程设计事务所
	宁波人才公寓	宁波市鄞州区城市建设投资发展有限公司	DC国际
年度最佳商业楼盘	重庆龙湖moco中心	重庆龙湖地产发展有限公司	上海日清建筑设计有限公司
年度最佳综合楼盘	南昌万科青山湖名邸	江西万科青山湖房地产发展有限公司	上海日清建筑设计有限公司
	珠海中信红树湾	中信地产珠海投资有限公司	澳大利亚柏涛（墨尔本）建筑设计亚洲公司
	上海万科五玠坊	上海万科房地产有限公司	芦原弘子
	上海格林公馆	上海格林风范房地产发展有限公司	上海日清建筑设计有限公司